나의 첫 손뜨개

新装版 手あみの帽子 1日で完成

ⓒMika Haneda 2023

Originally published in Japan by Shufunotomo Co., Ltd. Translation rights arranged with Shufunotomo Co., Ltd.
Through Korea Copyright Center Inc.

新装版 手あみのマフラー 3日で完成

ⓒMika Haneda 2023

Originally published in Japan by Shufunotomo Co., Ltd. Translation rights arranged with Shufunotomo Co., Ltd.
Through Korea Copyright Center Inc.

3일 안에 만드는 모자와 목도리

나의 첫 손뜨개

미카·유카 지음 | **남가영** 옮김

제우미디어

CONTENTS

CAP&HAT

모자 1일

대바늘뜨기 ✕

A
1코 고무뜨기 기본 모자
016

B
2코 고무뜨기 클래식 기본템 모자
022

C
가로줄무늬 모자
026

D
꽈배기무늬 모자
028

E
벌집무늬 모자
030

F
세 줄 꽈배기무늬 모자
034

G
챙 달린 잔무늬 모자
036

H
세로줄무늬 모자
042

I
알록달록한 스누드
044

J
평평하게 뜨는 베레모
048

K
방울 달린 배색뜨기 모자
056

L
태슬 달린 모노톤 모자
062

M
부드럽고 폭신한 모자
066

코바늘뜨기 〰

N
짧은뜨기 기본 모자
069

O
모눈뜨기 파이핑 모자
074

P
가죽 벨트 구슬뜨기 모자
079

Q
태슬 달린 구슬뜨기 베레모
083

R
부분 줄무늬 베레모
086

S
모티브 활용 귀마개 모자
090

기준으로 삼을 수 있도록, 난이도를 ❀ 개수로 표시했습니다. 참고해 주세요.

❀…아주 쉽습니다. 아울러 단시간에 완성할 수 있습니다.

❀❀…어렵지는 않지만 조금 시간이 걸립니다.

❀❀❀…틀리지 않도록 도안을 꼼꼼히 확인하면서 떠야 합니다.

※이 책에 실린 모자는 일반 성인 남녀 사이즈(약 54~58㎝)를 기준으로 했습니다.

이 책에서 소개하는 모자는 초보자도 쉽게 완성할 수 있는 기법을 사용했습니다. 뜨는 법은 간단하지만 작품 크기와 뜨개 기법에 따라 시간이 걸리기도 합니다.

MUFFLER

목도리 | 3일

대바늘뜨기 ✕

A
1코 고무뜨기 기본 목도리
096

B
2코 고무뜨기 목도리
104

C
가로줄무늬 목도리
107

D
퍼 목도리
110

E
랜덤 가로줄무늬 목도리&스누드
112

F
컬리지 스트라이프 목도리
114

G
지그재그 뜨는 스누드
118

H
유행을 타지 않는 꽈배기무늬 목도리
121

I
세 줄 꽈배기무늬 목도리
124

J
투톤 컬러 스누드
127

K
아란무늬 목도리
130

L
배색뜨기 목도리
134

M
이니셜 목도리
138

코바늘뜨기

N
한길긴뜨기 모노톤 목도리
140

O
모헤어 3색 목도리
146

P
술 달린 줄무늬 목도리
148

Q
비침무늬 넥워머
150

R
가죽벨트 넥워머
153

S
3색 3단 무늬 넥워머
157

T
크림색 모티브 목도리
160

U
투톤 모티브 목도리
167

V
알록달록한 클로버 목도리
169

작품에 사용한 실 소개

이 책에서는 특정 브랜드나 제품의 실이 아니라 일반적으로 자주 사용하는 굵기와 실 형태를 사용합니다. 작품 뜨는 법에 기재된 실 굵기와 형태를 확인하고 같은 타입의 실로 뜨면 작품 크기와 분위기가 사진과 비슷하게 완성됩니다. 대략적인 실 굵기는 아래 표와 오른쪽 실물 크기를 참고하세요. 단, 실 타입이 같아도 제품에 따라서 실 굵기, 실 한 타래의 길이와 무게가 다릅니다.

가는 실로 뜨면 작품이 작아지고 굵은 실로 뜨면 작품이 커집니다.

사진과 같은 크기로 뜨려면 작품을 뜨기 전에 반드시 견본을 떠서 게이지를 확인합니다(p.11 참고)

이 책에서 사용한 실 굵기와 바늘 호수
※스트레이트 얀과 로빙 얀 사용

굵기	타입	50g 기준 실 길이	사용한 대바늘 호수	사용한 코바늘 호수
가늘다 ↓ 굵다	병태사	100~150m	6호 8호 10호	5/0호 7/0호 8/0호
	극태사	80~100m	12호	8/0호 10/0호
	초극태사	40~50m	8mm	

※슬러브 얀은 실 굵기가 일정하지 않습니다.
퍼 얀은 잔털이 있는 실을 가리킵니다. 제품에 따라서 잔털 길이와 밀도가 다양합니다. 이 책에서는 오른쪽 사진처럼 굵기 차이가 나는 실을 사용했습니다.

뜨개바늘에 관해서

바늘은 오른쪽 사진처럼 대바늘, 코바늘 두 가지를 사용합니다. (p.11 참고)
대바늘, 코바늘 모두 '호수'로 굵기를 표시하는데 숫자가 클수록 바늘이 굵습니다.

하지만 아주 굵은 바늘의 경우 호수가 아니라 '○mm' 밀리미터 단위로 표기합니다.

위 표를 참고해서 실 굵기에 맞는 호수의 바늘로 뜹니다. 작품 뜨는 법에서 지정한 호수의 바늘로 떠도 게이지(p.11 참고)가 다를 수 있습니다. 그때는 바늘 굵기(호수)를 1, 2호 바꿔서 조정합니다.

자기 게이지가 책보다 크면 가는 바늘(작은 호수의 바늘)로 뜹니다.
자기 게이지가 책보다 작으면 굵은 바늘(큰 호수의 바늘)로 뜹니다.
그래도 게이지 차이가 크면 실 굵기를 바꿉니다.

사용 실 소개

이 책에서 사용한 실의 실물 크기입니다.

병태사 스트레이트 얀

병태사 모헤어 얀

극태사 스트레이트 얀

극태사 로빙 얀

슬러브 얀

초극태 스트레이트 얀

퍼 얀

사용 바늘 소개

이 책에서 사용한 뜨개바늘의 실물 크기입니다.

대바늘

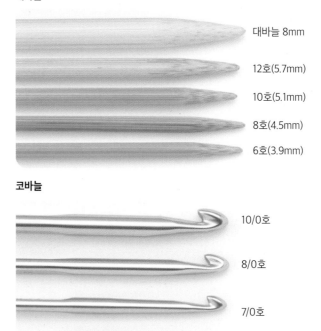

대바늘 8mm

12호(5.7mm)

10호(5.1mm)

8호(4.5mm)

6호(3.9mm)

코바늘

10/0호

8/0호

7/0호

5/0호

모자와 목도리를 뜨기 전에 알아두기

필요한 도구와 재료를 소개합니다. 준비물을 참고해서 갖추어 두면 좋습니다.
아울러 뜨개질할 때 필요한 기본 용어를 설명했으니 뜨개 초보자라면 꼭 읽어보시기를 바랍니다.

도구와 재료

막대바늘

대바늘뜨기에 필요합니다. 목도리 같은 평면 뜨기 작품은 이 바늘로 왕복뜨기합니다. 뜨개코가 빠지지 않도록 구슬이 달린 '막힘 대바늘'도 편리합니다. 대바늘은 굵기가 다양해서 8호, 10호처럼 호수나 지름(mm)으로 굵기로 표기합니다. 작품의 폭과 크기에 맞는 바늘은 각 설명의 준비물을 참고하세요.

줄바늘

대바늘뜨기에 필요합니다. 대바늘 2개를 가느다란 튜브로 연결한 바늘입니다. 원통 모양으로 뜰 수 있어 모자뜰 때 사용합니다. 겉면만 보고 뜨개 기호도대로 뜨면 되기 때문에 틀릴 걱정이 없어 초보자에게 안성맞춤입니다. 바늘 굵기는 막대 바늘과 같습니다.

돗바늘

코바늘뜨기와 대바늘뜨기에서 꼬리실을 정리하거나 떠서 꿰맬 때 사용합니다.

코바늘

코바늘뜨기에 필요합니다. 대바늘뜨기에서도 '술 달기'할 때 사용합니다.(p.117 참고) 사진처럼 한쪽만 갈고리 모양으로 되어 있는 바늘이 초보자가 사용하기 쉽습니다. 코바늘도 8/0호, 10/0호처럼 호수가 표기돼 있습니다. 준비물을 참고해서 실 굵기에 맞는 바늘을 준비합니다.

기타 도구

수예 가위

자

털실

손뜨개용 실은 소재, 모양, 굵기에 따라 다양합니다. 실의 꼬임이나 표면의 잔털 길이에 따라 스트레이트 얀, 로빙 얀, 모헤어 얀 등으로 구분됩니다. 소재는 양털, 알파카, 화학 섬유 등 다양하며, 실 굵기도 예전에는 몇 가지 종류 밖에 없었지만 현재는 여러 종류가 있습니다.

꽈배기바늘

대바늘뜨기에서 꽈배기 무늬를 뜰 때 사용하는 보조 바늘입니다.

손뜨개용 시침핀

모자 입구와 챙을 꿰매거나 이을 때 사용합니다.

실 꺼내는 법

털실은 타래 가운데서 실 끝을 빼내서 사용합니다.

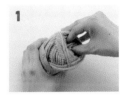

1
실타래에 손가락을 넣어 실을 잡고 꺼냅니다. (실 끝을 쉽게 찾을 수 있도록 나와 있기도 합니다.)

2
털뭉치가 나와도 신경 쓰지 말고, 실타래에서 실 1가닥이 나온 상태로 만듭니다.

3
실을 풀어서 실 끝을 찾습니다. 라벨은 벗기지 말고 그대로 사용합니다.

기억해 두면 편리한 뜨개 용어

대바늘뜨기

코

편물

꼬리실   기초코   단

코바늘뜨기

코

편물

꼬리실   기초코   단

코와 콧수…뜨면서 생기는 고리 하나를 '코'라고 부르고 오른쪽부터 1코, 2코 콧수를 셉니다.
단과 단수…코가 세로로 줄지어 있는 것을 '단'이라 부르고 아래쪽부터 1단, 2단 단수를 셉니다.
편물… 떠서 생긴 직물을 가리킵니다.
기초코…뜨개를 시작할 때 만드는 코를 가리킵니다. 대바늘뜨기는 기초코를 1단으로 세고, 코바늘뜨기는 따로 세지 않습니다.
호수…바늘 굵기를 나타냅니다. 보통 바늘이나 바늘 구슬에 표시되어 있습니다.

[중요] 게이지는 반드시 확인합니다!

게이지

게이지란 원하는 크기로 완성하기 위한 기준으로서 편물에 들어가는 콧수와 단수를 표시한 것입니다. 이 책에서는 지정한 뜨개 기법으로 뜬 10cm x 10cm 편물을 기준으로 표기했습니다.

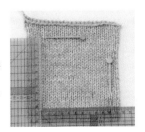

먼저, 지정한 뜨개 기법으로 여유 있게 콧수와 단수를 뜬 후, 스팀 다리미로 편물을 정리하고 지정한 치수를 맞춰 셉니다. 게이지가 다르면 작품의 크기가 달라지므로 반드시 맞춰야 합니다.
<게이지가 다른 경우>
콧수와 단수가 많으면 바늘을 1~2호 굵은 것으로 변경.
콧수와 단수가 적으면 바늘을 1~2호 가는 것으로 변경.

뜨개 도안 보는 법

뜨개를 시작하기 전에 도안 보는 법을 알아보겠습니다. 먼저 '뜨개 도안'을 보고 작품 크기, 뜨는 방향, 뜨는 순서, 뜨개 기법을 확인합니다.
다음에 '기호도'를 보면서 뜨개를 진행합니다. 도안의 뜨개 기호에는 사진과 함께 뜨는 법을 해설한 페이지를 표기했으니
뜨는 법은 각각 참고 페이지를 살펴보시기를 바랍니다.

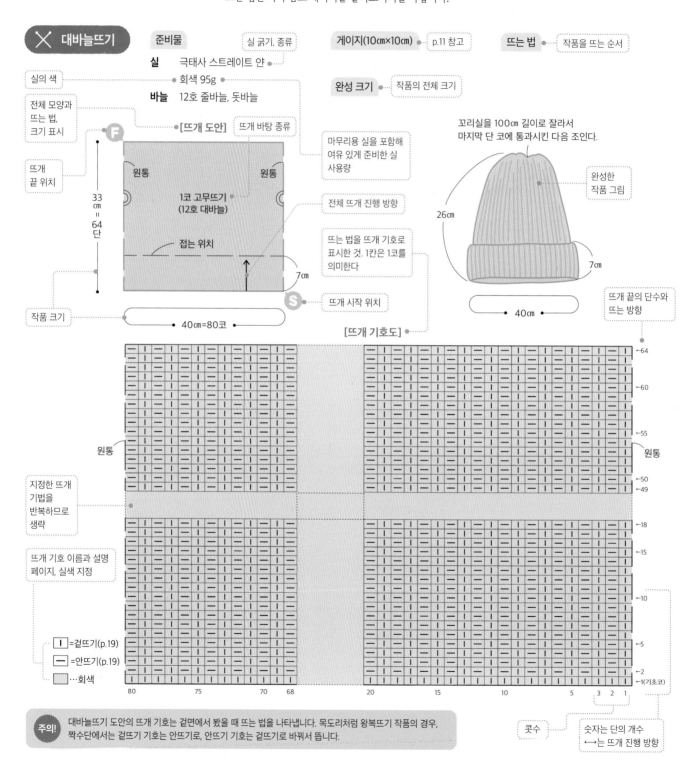

✕ 대바늘뜨기

준비물

실 굵기, 종류

게이지(10cm×10cm)　p.11 참고

뜨는 법 ● 작품을 뜨는 순서

실　극태사 스트레이트 얀 ●

실의 색
● 회색 95g ●

전체 모양과
뜨는 법,
크기 표시

바늘　12호 줄바늘, 돗바늘

완성 크기 ● 작품의 전체 크기

[뜨개 도안]　뜨개 바탕 종류

꼬리실을 100cm 길이로 잘라서
마지막 단 코에 통과시킨 다음 조인다.

F

마무리용 실을 포함해
여유 있게 준비한 실
사용량

원통　　　　　원통

완성한
작품 그림

뜨개
끝 위치

1코 고무뜨기
(12호 대바늘)

전체 뜨개 진행 방향

33
cm
=
64
단

26cm

접는 위치

뜨는 법을 뜨개 기호로
표시한 것. 1칸은 1코를
의미한다

7cm

7cm

작품 크기

40cm=80코

S

뜨개 시작 위치

40cm

뜨개 끝의 단수와
뜨는 방향

[뜨개 기호도]

원통

원통

지정한 뜨개
기법을
반복하므로
생략

뜨개 기호 이름과 설명
페이지, 실색 지정

| = 겉뜨기(p.19)
― = 안뜨기(p.19)
⬜ … 회색

80　　75　　70　68　　20　　15　　10　　5　3 2 1

←64

←60

←55

←50
←49

←18

←15

←10

←5

←2
←1(기초코)

콧수

숫자는 단의 개수
⟷는 뜨개 진행 방향

주의! 대바늘뜨기 도안의 뜨개 기호는 겉면에서 봤을 때 뜨는 법을 나타냅니다. 목도리처럼 왕복뜨기 작품의 경우,
짝수단에서는 겉뜨기 기호는 안뜨기로, 안뜨기 기호는 겉뜨기로 바꿔서 뜹니다.

[뜨개 도안] ····● 전체 모양과 뜨는 법, 크기 표시

Ｆ ····● 뜨개 끝 위치

★

차콜그레이

회색 ●···· 뜨개 바탕 종류

◆

★

무늬뜨기
(8/0호 코바늘)

지정한 대로 뜨는 법을 반복하므로 생략

★

베이지

★

◆ 실을 바꾼다(실을 잘라서 정리한다)

차콜그레이

★

회색

140 cm = 84 단

14 단 (★)

베이지 ●···· 전체 뜨는 방향 표시

Ｓ ····● 뜨개 시작 위치

├── 15cm=23코 ──┤

세팅 끄기

[뜨개 기호도]

뜨는 법을 뜨개 기호로 표시한 것 ····●

뜨개 끝의 단수와 뜨는 방향

→84

←81

←7

←3

→2

←1

23   20   15   10   5   1

├────────────── 사슬뜨기 기초코 23코 ──────────────┤

◯ = 사슬뜨기(p.142)   Ｔ = 한길긴뜨기(p.143)   □ ··· 베이지   □ ··· 회색   ▨ ··· 차콜그레이

뜨개 기호 이름과 설명 페이지, 실색 지정

콧수

숫자는 단의 개수
↔는 뜨개 진행 방향

CAP & HAT

모자 1일

심플하면서 인기 만점인 디자인부터
패션 포인트가 되는 모자까지
코바늘로는 모티브와 구슬뜨기를 활용해
눈길을 뜨는 우아한 모자가 가득하답니다

1코 고무뜨기 기본 모자

겉뜨기와 안뜨기만 사용해서 쭉 떠가면 완성되는 심플한 모자입니다.
줄바늘을 사용해 겉면만 보고 둥글게 뜨면 돼서
헤맬 필요 없이 도안대로 뜨는 타입입니다.
처음에는 어색하지만 뜨다 보면 익숙해져서 예쁘게 뜰 수 있습니다.
1코 고무뜨기는 겉면의 울퉁불퉁한 느낌이 적어서 굵직한 실로 뜨면
깔끔하게 완성되니까 초보자에게 적합합니다.

준비물
실 극태사 스트레이트 얀
회색 95g
바늘 12호 줄바늘, 돗바늘

게이지(10cm×10cm)
(1코 고무뜨기) 20코×19.5단

완성 크기
머리둘레 40cm×깊이 26cm

뜨는 법
1 줄바늘로 기초코(p.18)를 80코 만든다.
2 1코 고무뜨기(p.19)로 원통 뜨기한다.
3 꼬리실을 100cm 남기고 잘라서 돗바늘에 꿴다. 마지막 단 코에
통과시켜서 조인 다음 실 정리를 한다.(p.21)

[뜨개 도안]

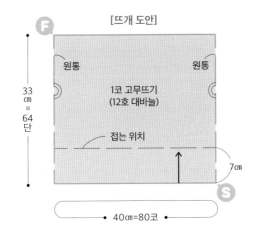

꼬리실을 100cm 길이로 잘라서
마지막 단 코에 통과시킨 다음 조인다.

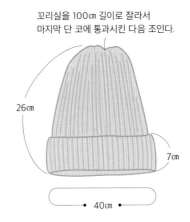

[뜨개 기호도]

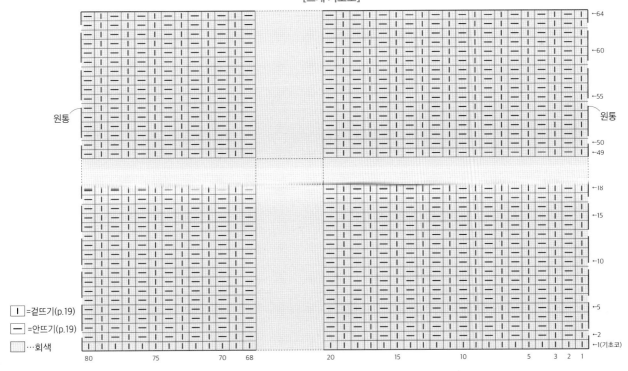

I =겉뜨기(p.19)
— =안뜨기(p.19)
☐ …회색

'1코 고무뜨기 기본 모자' 뜨는 법 설명

줄바늘(p.11 참고) 하나로 겉면만 보면서 둥글게 원통 뜨기합니다.
고무뜨기는 신축성이 좋아서 크기가 조금 바뀌어도 머리에 착 감겨서 초보자에게 추천합니다.

1 첫단. 줄바늘로 기초코 80코 만들기

손가락에 걸어 코잡기

1

실 끝부터 1m 위치(★)에서 1번 꼬아서 고리를 만들고 안쪽에서 화살표 방향으로 실타래 쪽 실을 빼낸다.

2

빼낸 모습.

3

고리에 대바늘을 넣은 다음 바늘은 오른손으로 쥐고 실 2가닥을 왼손으로 잡는다. 손가락을 펴서 고리를 조인다. 꼬리실이 엄지손가락 쪽에 오도록 한다.

4

이것이 첫 코가 된다. 그대로 왼손의 엄지와 검지를 양쪽으로 벌린다.

5

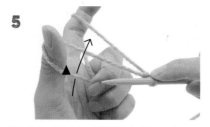

엄지 앞쪽 실(▲)을 아래쪽에서 바늘로 떠서 끌어올린다.

6

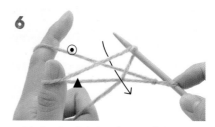

끌어올린 모습. 검지 앞쪽 실(◉)을 위에서 아래로 바늘을 걸어서 엄지에 걸린 실 사이로 빼낸다

7

실을 걸어서 빼내고 있는 모습.

8

실을 빼내서 오른쪽 위로 들어올린다.

9

왼손 엄지에서 실(▲)을 빼내고 앞쪽 실을 엄지로 당겨서 코를 조인다.

10

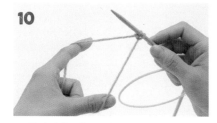

2코를 완성한 모습.

11

5~9를 반복한다.

2 2단. 1코 고무뜨기로 둥글게 뜨기

겉뜨기

12

실을 왼쪽 바늘 뒤쪽에 놓고 화살표처럼 앞에서 오른쪽 바늘을 가장자리 코에 찔러 넣는다.

13

바늘을 넣은 모습.

14

바늘에 실을 걸고 왼손으로 살포시 실을 누르면서 화살표 방향으로 코 아래를 통과해서 앞쪽으로 빼낸다.

안뜨기

15

빼낸 모습.

16

왼쪽 바늘에 걸린 코를 왼쪽 바늘에서 빼낸다. 겉뜨기 1코 완성.

17

실을 바늘 앞쪽에 놓고 화살표처럼 위쪽에서 아래쪽으로 오른쪽 바늘을 넣는다.

18

바늘을 넣은 모습.

19

바늘에 화살표처럼 실을 건다.

20

코에서 화살표 방향으로 실을 빼낸다.

21

왼쪽 바늘에 걸린 코를 왼쪽 바늘에서 빼낸다. 안뜨기 1코 완성.

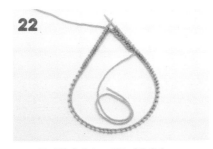

22

12~21를 반복하면서 뜨개를 진행한다.

23

10단을 뜬 모습.

80코, 첫 단을 완성한 모습. 이때 코 방향이 꼬이지 않도록 주의한다.

실타래 쪽 실을 왼손 새끼에 건다.

실은 손등을 지나서 검지에 걸고 왼손으로 실과 이어지지 않은 쪽 바늘을 쥔다.

반대쪽 바늘을 오른손으로 쥐고 뜨개를 시작한다.

실 바꾸는 법

※사진은 알아보기 쉽도록 뜨는 색과 다른 색실로 작업을 했습니다.

새 실(바꾸는 실)과 다 뜬 실의 꼬리실을 오른손으로 잡고, 새 실만 왼손에 건다.

뜨개 기호대로 새 실로 뜨개를 진행한다.

3코 정도 뜨면 오른손으로 잡은 실에서 손을 떼도 된다.

그대로 뜨개를 진행한다.

3 마지막 단에 실을 통과해서 조이기

※사진에서는 알아보기 쉽도록 뜨는 색과 다른 색실로 작업을 했습니다.

32
꼬리실을 100㎝ 정도 남기고 잘라서 돗바늘에 꿴다. 실이 모자라면 다른 실을 준비해도 된다.

33
마지막 단 코에 돗바늘을 통과시킨다.

34
5~6코씩 통과시킨다.

35
코를 바늘에서 빼지 않고 한 바퀴 통과시킨다.

36
2바퀴 통과시킨다.

37
이번에는 바늘에서 코를 빼면서 통과시킨다.

38
2바퀴 통과시킨 모습.

39
실을 당겨서 구멍을 조인다.

40
꼬리실이 꿰어진 돗바늘을 모자 안쪽으로 넣는다.

41
구멍 주위의 코에 통과시킨다.

42
한 바퀴 통과시켜서 가볍게 묶고 적당히 통과시킨 후에 자른다.

2코 고무뜨기 클래식 기본템 모자

겉뜨기 2코와 안뜨기 2코를 번갈아 뜨는 2코 고무뜨기는
1코 고무뜨기보다 겉뜨기의 줄기 무늬가 도드라져 보입니다.
굵은 실로 뜨면 편물이 조금 뻣뻣해지니 A의 1코 고무뜨기보다
가는 실로 뜨면 부드럽고 포근한 느낌으로 완성할 수 있습니다!
마지막에 태그를 달아서 나만의 개성을 표현하는 것도
뜨개질하는 즐거움 중 하나랍니다.

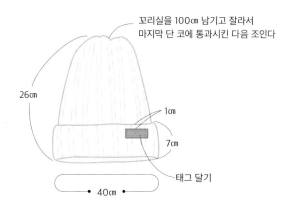

✕ 대바늘

준비물

실 극태사 스트레이트 얀
크림색 95g

바늘 12호 줄바늘, 돗바늘

기타 폭 1.5㎝ 태그, 재봉실, 바늘

게이지(10㎝×10㎝)

(2코 고무뜨기) 20코×19.5단

완성 크기

머리둘레 40㎝×깊이 26㎝

뜨는 법

1 줄바늘로 기초코(p.18)를 80코 만든다.

2 2코 고무뜨기(p.24)로 원통 뜨기한다.

3 꼬리실을 100㎝ 남기고 잘라서 돗바늘에 꿴다. 마지막 단 코에 통과시켜서 조인 다음 실 정리를 한다.(p.21)

4 태그를 꿰매서 단다.

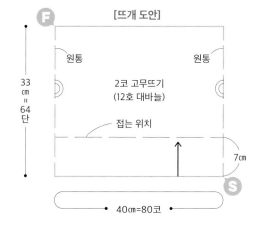

[뜨개 도안]

F

원통   원통

33㎝ = 64단

2코 고무뜨기
(12호 대바늘)

접는 위치

7㎝

S

40㎝=80코

꼬리실을 100㎝ 남기고 잘라서
마지막 단 코에 통과시킨 다음 조인다

26㎝   1㎝

7㎝

태그 달기

40㎝

[뜨개 기호도]

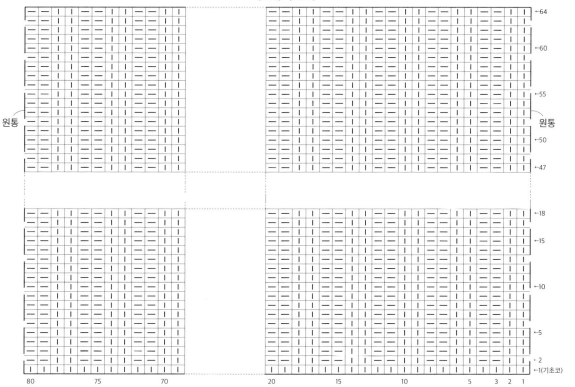

│ =겉뜨기(p.19)   — =안뜨기(p.19)

2코 고무뜨기

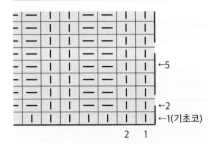

겉뜨기 2코, 안뜨기 2코를 번갈아 뜬다. 원통 뜨기할 때는 홀수단과 짝수단 모두 뜨개 기호대로 뜬다.

1

줄바늘로 기초코(p.18)를 만든 다음 원으로 연결해서 뜬다.

2

겉뜨기로 첫코를 뜬다.

3

겉뜨기로 둘째코를 뜬다.

4

다음에 안뜨기(p.19)를 2코 뜬다.

5

겉뜨기를 2코 뜬다.

6

4~5 과정을 반복하며 뜨개를 진행한다.

7

계속해서 아랫단과 같은 뜨개코가 되도록 뜨개를 진행한다. 10단을 뜬 모습.

실 정리를 해서 뜨개 마무리

뜨개 시작의 꼬리실에 돗바늘을 꿰서 코에 여러 단을 통과시킨다.

방향을 바꿔서 옆 코에도 통과시킨다.

남은 실을 자른다. 중간에 있는 꼬리실도 같은 방법으로 정리한다.

다리미를 모자에서 조금 띄워서 스팀만 가볍게 쬔다. 접는 위치에서 바깥쪽으로 접는다. 완성

가로줄무늬 모자

폭이 다른 줄무늬 2개를 포인트로 넣었어요.
접어 올리는 부분에 줄무늬를 넣으면
안쪽 면이 겉으로 드러나기 때문에
줄무늬를 넣을 때마다 실을 잘라서
실 정리를 해야 해요

b

a

✕ 대바늘

준비물

실 극태사 스트레이트 얀
　　a 하얀색 80g, 남색 20g
　　b 회색 80g, 크림색 20g
바늘 12호 줄바늘, 돗바늘

게이지(10cm×10cm)

(2코 고무뜨기) 20코×19.5단

완성 크기

머리둘레 40cm×깊이 24cm

뜨는 법

1 줄바늘로 기초코(p.18)를 80코 만든다.
2 지정한 위치에서 색을 바꾸면서(p.20) 2코 고무뜨기(p.24)로 원통 뜨기한다.
3 꼬리실을 100cm 남기고 잘라서 돗바늘에 꿴다. 마지막 단 코에 통과시켜서 조인 다음 실 정리를 한다.(p.21)

[뜨개 도안]

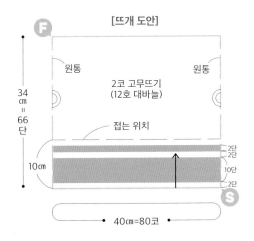

[뜨개 기호도]

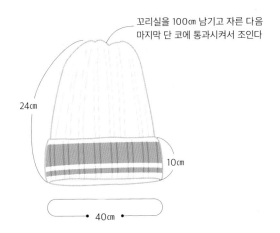

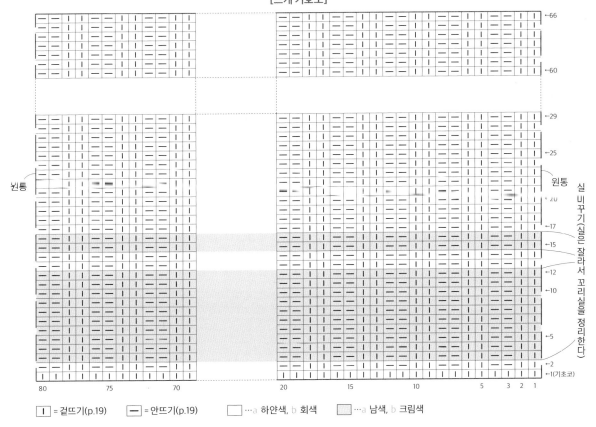

Ⅰ = 겉뜨기(p.19)　**—** = 안뜨기(p.19)　☐ …**a** 하얀색, **b** 회색　▨ …**a** 남색, **b** 크림색

꽈배기무늬 모자

D

LEVEL ✿✿

교차뜨기를 반복해서 만드는 꽈배기무늬예요.
코를 교차하는 게 얼핏 어려워 보이지만
꽈배기바늘 같은 보조 바늘을 사용하면 간단히 할 수 있어요.
얼굴이 작아 보이도록 접는 부분은 2코 고무뜨기를 했습니다.

준비물

실 병태사 스트레이트 얀
회색 110g

바늘 8호 줄바늘, 꽈배기바늘,
돗바늘

게이지(10cm×10cm)

(2코 고무뜨기) 30코×24단

완성 크기

머리둘레 40cm×깊이 22cm

뜨는 법

1 줄바늘로 기초코(p.18)를 120코 만든다.

2 도안대로 2코 고무뜨기(p.24)와 무늬뜨기로 원통 뜨기한다.

3 꼬리실을 100cm 남기고 잘라서 돗바늘에 꿴다. 마지막 단 코에
통과시켜서 조인 다음 실 정리를 한다.(p.21)

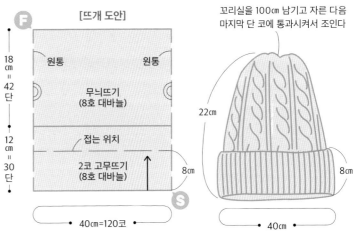

꼬리실을 100cm 남기고 자른 다음
마지막 단 코에 통과시켜서 조인다

[뜨개 도안]

[뜨개 기호도]

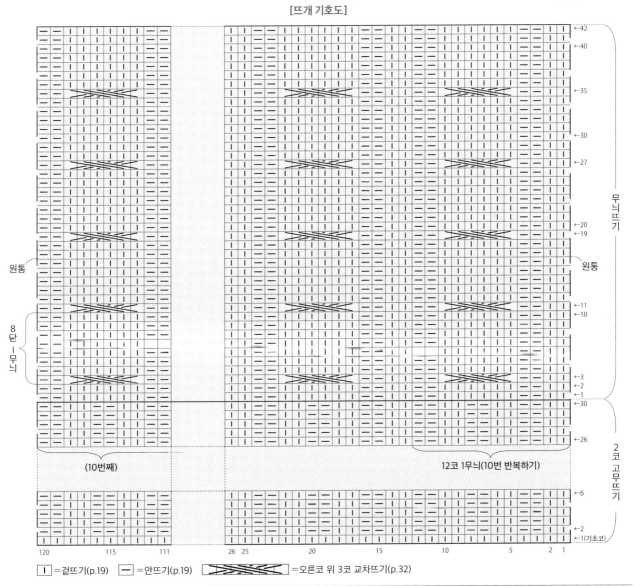

☐ = 겉뜨기(p.19)   — = 안뜨기(p.19)   ⨯⨯⨯ = 오른코 위 3코 교차뜨기(p.32)

벌집무늬 모자

D의 꽈배기무늬를 좀 더 활용해 봤어요.
방향이 다른 꽈배기무늬를 조합하면 벌집무늬가 완성돼요.
이 방법은 전통적인 기법으로 아란 무늬에도 활용하는 멋진 무늬랍니다.
꽈배기무늬와 같은 기법으로 만들 수 있지요.
완성했을 때 만족도가 굉장히 높아요.

준비물

실 극태사 로빙 얀

회색 100g

바늘 12호 줄바늘, 꽈배기바늘, 돗바늘

게이지(10cm×10cm)

(무늬뜨기) 25코×21단

완성 크기

머리둘레 38cm×깊이 24cm

뜨는 법

1 줄바늘로 기초코(p.18)를 96코 만든다.

2 도안대로 2코 고무뜨기(p.24)와 무늬뜨기로 원통 뜨기한다.

3 꼬리실을 100cm 남기고 잘라서 돗바늘에 꿴다. 마지막 단 코에 통과시켜서 조인 다음 실 정리를 한다.(p.21)

대바늘

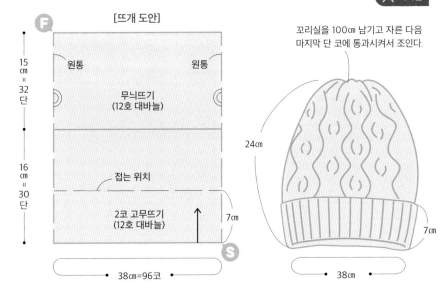

[뜨개 도안]

꼬리실을 100cm 남기고 자른 다음 마지막 단 코에 통과시켜서 조인다.

[뜨개 기호도]

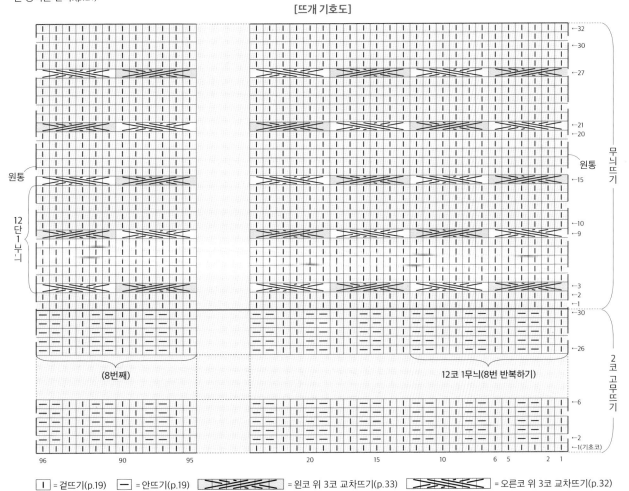

| | = 겉뜨기(p.19) | — | = 안뜨기(p.19) = 왼코 위 3코 교차뜨기(p.33) = 오른코 위 3코 교차뜨기(p.32)

031

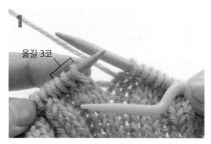

교차뜨기 기호 전까지 뜨개를 진행한다. 다음 3코는 뜨지 않고 꽈배기바늘로 옮긴다.

옮긴 모습. 꽈배기바늘은 편물 앞쪽에 놓는다.

왼쪽 바늘에 걸린 그 다음의 3코를 겉뜨기한다.

3코를 뜬 모습.

왼손은 꽈배기바늘로 바꿔 쥐고 옮겨 놓은 3코를 겉뜨기한다.

겉뜨기한 모습. 꽈배기무늬 부분이 오밀조밀 붙어 있다. 아직 꽈배기처럼 보이지는 않는다.

3코를 뜬 모습.

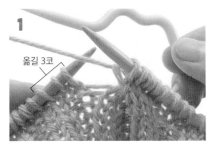

교차뜨기 기호 전까지 뜨개를 진행한다. 다음 3 코는 뜨지 않고 꽈배기바늘로 옮긴다.

옮길 3코

옮긴 모습. 꽈배기바늘은 편물 바깥쪽에 놓는다.

꽈배기바늘 앞에서 왼쪽 바늘에 걸린 그 다음의 3코를 겉뜨기한다.

3코를 뜬 모습.

왼손으로 꽈배기바늘을 잡고 옮겨 놓은 3코를 겉 뜨기한다.

겉뜨기한 모습. 꽈배기무늬 부분이 오밀조밀 붙 어 있다.

왼코 위 3코 교차뜨기와 오른코 위 3코 교차뜨기 를 번갈아 뜨면 벌집무늬가 생긴다.

세 줄 꽈배기무늬 모자

굵직하게 세 줄로 땋은 무늬가 인상적인 꽈배기 무늬는 좌우 교차뜨기를
단을 달리해서 번갈아 뜨면 완성됩니다. 모자 입구의 멍석뜨기는 걸뜨기와
안뜨기를 바둑판무늬로 뜨기만 하면 돼요. 고무뜨기에 비해서 신축성이
없지만 조이는 느낌이 적고 벙거지처럼 착용감이 가벼워 좋아요.

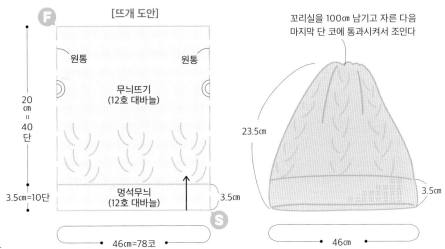

✕ 대바늘

준비물

실 극태사 스트레이트 얀
  a 초록색 80g
  b 연갈색 80g
바늘 12호 줄바늘, 꽈배기바늘, 돗바늘

게이지(10㎝×10㎝)

(무늬뜨기) 17코×20단

완성 크기

머리둘레 46㎝×깊이 23.5㎝

뜨는 법

1 줄바늘로 기초코(p.18)를 78코 만든다.
2 도안대로 멍석무늬와 무늬뜨기로 원통 뜨기한다.
3 꼬리실을 100㎝ 남기고 잘라서 돗바늘에 꿴다. 마지막
  단 코에 통과시켜서 조인 다음 실 정리를 한다.(p.21)

[뜨개 도안]

F 원통 원통
무늬뜨기
(12호 대바늘)
20㎝=40단
멍석무늬
(12호 대바늘)
3.5㎝=10단
3.5㎝
S
46㎝=78코

꼬리실을 100㎝ 남기고 자른 다음
마지막 단 코에 통과시켜서 조인다

23.5㎝
3.5㎝
46㎝

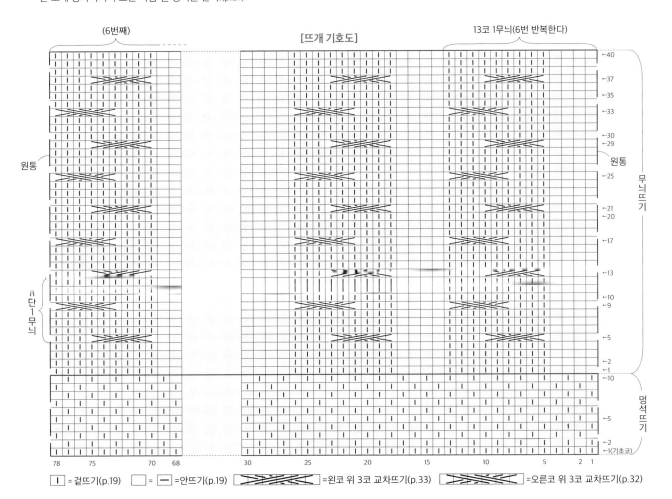

(6번째)   [뜨개 기호도]   13코 1무늬(6번 반복한다)

원통   원통
무늬뜨기

8단1무늬

멍석뜨기

78 75 70 68   30   25   20   15   10   5 2 1

I = 겉뜨기(p.19)   ☐ = ─ =안뜨기(p.19)   ✕✕✕ =왼코 위 3코 교차뜨기(p.33)   ✕✕✕ =오른코 위 3코 교차뜨기(p.32)

챙 달린 잔무늬 모자

섬세한 잔무늬가 들어간 모자에 따로 챙을 만들어서 달았어요.
챙은 같은 모양으로 두 장 만든 다음에 사이에 심지를 넣었답니다.
모자를 접는 부분에 다니까 접는 부분의 고무뜨기가 늘어나지 않도록
같은 간격으로 시침핀을 꽂아서 고정한 다음에 꿰매요.

X 대바늘

준비물

실 병태사 스트레이트 얀
주황색 70g

바늘 8호 줄바늘, 8호 막힘 대바늘,
꽈배기바늘, 돗바늘, 뜨개용 시침핀

기타 모자 심지(두꺼운 도화지도 가능)

게이지(10㎝×10㎝)

(무늬뜨기) 26코×30단

완성 크기

머리둘레 46㎝×깊이 19㎝

뜨는 법

1 줄바늘로 기초코(p.18)를 120코 만들어서 본체를 뜬다.

2 p.38 도안처럼 2코 고무뜨기(p.24)와 무늬뜨기로 원통 뜨기한다.

3 꼬리실을 100㎝ 남기고 잘라서 돗바늘에 꿴다. 마지막 단 코에
통과시켜서 조인 다음 실 정리를 한다.(p.21)

4 막힘 대바늘로 본체와 같은 방법으로 기초코를 40코 만들어서
챙을 2장 뜬다.

5 아래 실물 크기 종이에 맞춰서 심지를 자르고 챙에 끼워서
가장자리를 꿰맨다.

6 본체 고무뜨기한 부분인 접는 위치에 맞춰 챙을 꿰매서 단다.(p.41)

※본체 도안은 p.38 실물 크기 종이는 p.37

[뜨개 도안] 챙 2장

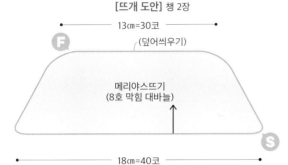

[뜨개 기호도] 챙

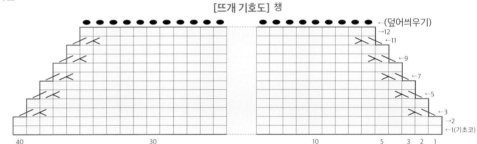

※챙은 왕복뜨기합니다. 안쪽 면을 보면서 뜨는 짝수단은 겉뜨기 기호를 안뜨기로 바꿔서 뜹니다.

☐ = I = 겉뜨기(p.19)   ✕ = 오른코 위 2코 모아뜨기(p.39)   ✕ = 왼코 위 2코 모아뜨기(p.39)

● = 덮어씌우기(p.47)   ╲ ╱ = 사선코(줄임코의 영향으로 자연스럽게 비슷해지는 겉뜨기)

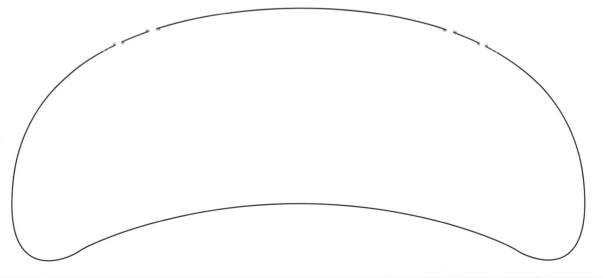

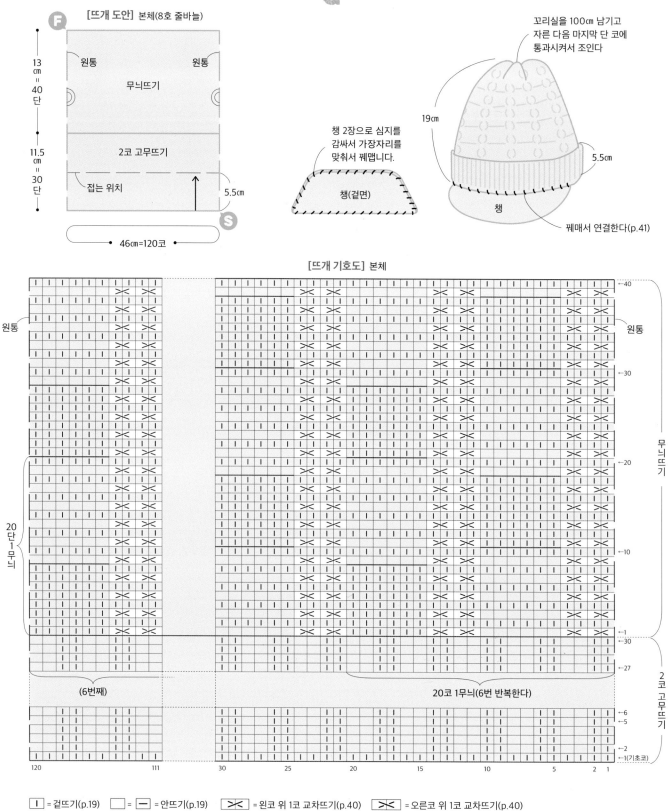

[뜨개 도안] 본체(8호 줄바늘)

F

13 cm = 40 단

원통   원통

무늬뜨기

11.5 cm = 30 단

2코 고무뜨기

접는 위치

5.5cm

S

◆━ 46cm=120코 ━◆

꼬리실을 100cm 남기고
자른 다음 마지막 단 코에
통과시켜서 조인다

19cm

5.5cm

챙 2장으로 심지를
감싸서 가장자리를
맞춰서 꿰맵니다.

챙(겉면)

챙

꿰매서 연결한다(p.41)

[뜨개 기호도] 본체

원통   원통

←40

←30

←20

←10

무늬뜨기

20 단 1 무늬

←1

←30

←27

(6번째)

20코 1무늬(6번 반복한다)

2코 고무뜨기

←6
←5

←2
←1(기초코)

120   111   30   25   20   15   10   5   2 1

I = 겉뜨기(p.19)   ─ = 안뜨기(p.19)   ⤬ = 왼코 위 1코 교차뜨기(p.40)   ⤬ = 오른코 위 1코 교차뜨기(p.40)

오른코 위 2코 모아뜨기

1

모아뜨기하는 코

모아뜨기할 2코 가운데 1코는 그대로 오른쪽 바늘로 옮기고 다음 1코를 겉뜨기한다.

2

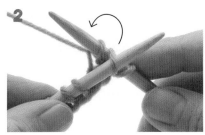

왼쪽 바늘을 사용해 옮겨 놓은 오른쪽 코를 왼쪽 코에 덮어씌운다.

3

덮어씌운 모습. 오른코 위 2코 모아뜨기 완성.

왼코 위 2코 모아뜨기

1

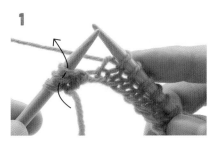

모아뜨기 기호 전까지 뜨개를 진행한다. 화살표처럼 2코 한 번에 바늘을 넣는다.

2

바늘을 넣은 모습. 실을 걸어서 앞쪽으로 빼낸다 (겉뜨기한다)

3

빼낸 모습.

4

왼쪽 바늘에서 2코를 빼내면 왼코 위 2코 모아뜨기 완성.

왼코 위 1코 교차뜨기

교차뜨기 기호 전까지 뜨개를 진행한다. 다음 1 코를 뜨지 않고 꽈배기바늘에 옮긴 다음 편물 바 깥쪽에 놓는다.

왼쪽 바늘에 걸린 1코를 겉뜨기한다.

왼손은 꽈배기바늘로 바꿔 쥐고, 옮겨 놓은 1코 를 겉뜨기한다.

교차뜨기를 완성한 모습.

오른코 위 1코 교차뜨기

교차뜨기 기호 전까지 뜨개를 진행한다. 다음 1 코를 뜨지 않고 꽈배기바늘에 옮긴 다음 편물 앞 쪽에 놓는다.

왼쪽 바늘에 걸린 1코를 겉뜨기한다.

왼손은 꽈배기바늘로 바꿔 쥐고, 옮겨 놓은 1코 를 겉뜨기한다.

교차뜨기를 완성한 모습.

※사진에서는 알아보기 쉽도록 뜨는 색과 다른 색실로 작업을 했습니다.

1

(겉면)

챙을 2장 뜬 다음 가운데에 심지를 넣고 가장자리를 맞춰서 꿰맨다. (p.38 그림 참고)

2

본체 연결할 위치를 확인한 후 손뜨개용 시침핀으로 균형을 맞춰서 임시로 고정한다.

3

겉면을 보면서 본체의 접은 부분의 가장 높은 부분에 챙을 꿰매서 단다.

4

꿰매는 모습.

5

중심까지 꿰맨 모습.

6

마지막 코까지 꿰매면 한 번 묶는다.

7

꼬리실은 편물 안쪽 면에 바늘을 통과시켜서 숨긴다.

8

남은 실은 자른다.

세로줄무늬 모자

코를 뜨지 않고 옮기는 '걸러뜨기'라는 간단한 기법을 사용해요.
2단마다 색을 바꿔서 2색 줄무늬를 만드는데
걸러뜨기를 끌어올리면서 뜨면 세로로 줄무늬가 생겨요.
서로 대비되는 색을 고르면 무늬가 더욱 눈에 띄어요.

✕ 대바늘

준비물

실 병태사 스트레이트 얀
남색 40g, 베이지 35g

바늘 12호 줄바늘, 돗바늘

게이지(10cm×10cm)

(무늬뜨기) 16코×29단

완성 크기

머리둘레 50cm×깊이 22cm

뜨는 법

1 줄바늘로 기초코(p.18)를 80코 만든다.

2 무늬뜨기로 원통 뜨기한다.

3 꼬리실을 100cm 남기고 잘라서 돗바늘에 꿴다. 마지막 단
코에 통과시켜서 조인 다음 실 정리를 한다.(p.21)

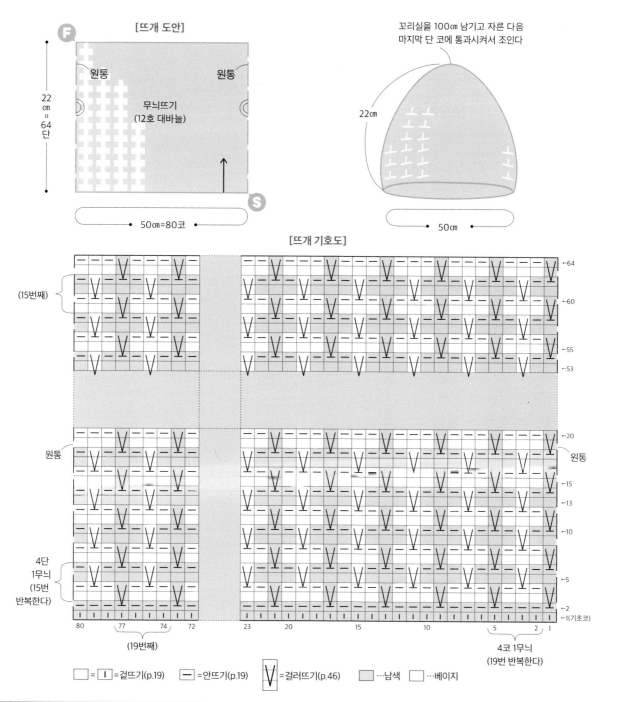

[뜨개 도안]

원통   원통

22cm
=
64단

무늬뜨기
(12호 대바늘)

50cm=80코

꼬리실을 100cm 남기고 자른 다음
마지막 단 코에 통과시켜서 조인다

22cm

50cm

[뜨개 기호도]

(15번째)

원통

4단
1무늬
(15번
반복한다)

80   77   74   72   23   20   15   10   5   2   1

←64
←60
←55
←53
←20
←15
←13
←10
←5
←2
←1(기초코)

원통

(19번째)

4코 1무늬
(19번 반복한다)

☐ = Ⅰ = 겉뜨기(p.19)   ─ = 안뜨기(p.19)   ⋁ = 걸러뜨기(p.46)   ▨ …남색   ☐ …베이지

알록달록한 스누드

언뜻 복잡해 보이는 무늬지만 세 가지 색 줄무늬를 뜨면서 걸러뜨기를 반복했답니다.
간단하게 가터뜨기하는 것은 H 모자와 같지만 줄무늬를 세 가지 색으로
바꾸기만 했는데도 전혀 다른 분위기의 작품이 완성돼요.

✕ 대바늘

준비물

실 **a** 병태사 스트레이트 얀 주황색
40g, 진갈색 35g, 주황색 계열
혼합색 30g
b 병태사 스트레이트 얀 남색
40g, 청록색 35g, 파란색 계열
혼합색 30g

바늘 10호 줄바늘, 돗바늘

게이지(10㎝×10㎝)

(무늬뜨기) 20코×39단

완성 크기

폭 22㎝×길이 62㎝

뜨는 법

1 줄바늘로 기초코(p.18)를 124코 만든다.
2 무늬뜨기로 원통 뜨기한다.
3 덮어씌우기한 다음 실 정리를 한다.(p.25)

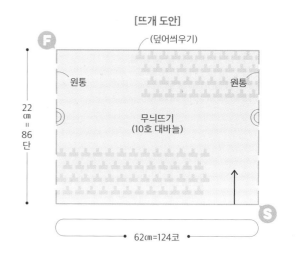

[뜨개 도안]

(덮어씌우기)

원통   원통

22㎝=86단

무늬뜨기
(10호 대바늘)

62㎝=124코

[뜨개 기호도]

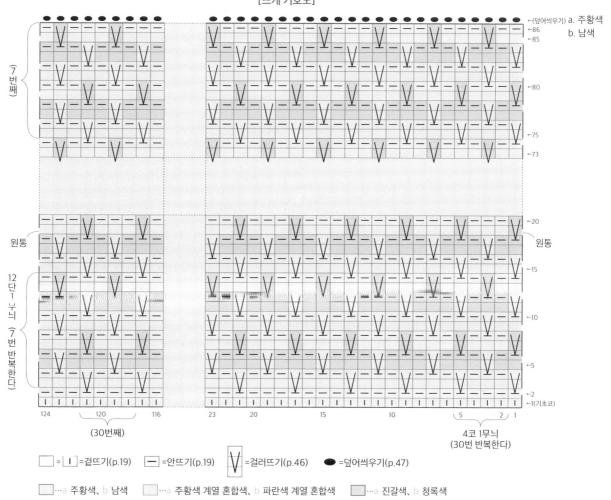

(덮어씌우기) a. 주황색
b. 남색

(7번째)

원통   원통

12단 1무늬
(7번 반복한다)

124   120   116   23   20   15   10   5   2   1

(30번째)

4코 1무늬
(30번 반복한다)

□ = Ⅰ =겉뜨기(p.19)   − =안뜨기(p.19)   Ⅴ =걸러뜨기(p.46)   ● =덮어씌우기(p.47)

□…a 주황색、b 남색   ▨…a 주황색 계열 혼합색、b 파란색 계열 혼합색   ▨…a 진갈색、b 청록색

1

색을 바꿀 새로운 실로 바꿔 잡고, 3단의 걸러뜨기 기호 전까지 뜬다.

2

코 앞쪽으로 바늘을 넣고 코가 꼬이지 않도록 주의하며 뜨지 않고 그대로 오른쪽 바늘로 옮긴다. 걸러뜨기 완성.

3

다음 코를 뜨개 기호대로 뜬다.

4

뜨개를 진행하는 모습.

5

다음 걸러뜨기 위치에서 2와 같은 방법으로 코를 뜨지 않고 그대로 오른쪽 바늘로 옮긴다.

6

코를 옮긴 모습. 같은 방법으로 1단 원통 뜨기를 진행한다.

7

3단을 완성한 모습. 4단도 기호대로 뜬다.

8

5단을 뜬다. I 모자는 바꿔야 할 색실을 잡고 뜨개 기호대로 원통 뜨기를 한다.

9

걸러뜨기 위치에서는 같은 방법으로 오른쪽 바늘에 그대로 코를 옮긴다.

10

2~5와 같은 요령을 반복하면서 뜨개를 진행한다.

11

무늬가 드러나기 시작한 모습.

12

걸러뜨기 코를 끌어올려 뜨면 무늬가 생긴다.

13 마무리할 단의 2코를 기호대로 뜬다.

14 왼쪽 바늘을 사용해서 첫 번째 코를 두 번째 코에 덮어씌운다.

15 덮어씌우는 모습. 덮어씌운 코는 왼쪽 바늘에서 뺀다. 덮어씌우기 1코 완성.

16 다음 코를 뜬 다음 앞코를 덮어씌운다. 같은 과정을 반복한다. 가장 마지막 코는 고리 사이에 실을 넣어 매듭짓는다.

평평하게 뜨는 베레모

윗부분 모양이 예쁜 베레모예요.
막힘 대바늘로 코를 줄이면서 평평하게 왕복뜨기하고
돗바늘로 이어서 둥글게 만들어요.
마지막에 모자 입구를 고무뜨기해서 꿰매면 완성이에요.

a

b

준비물

실 극태사 스트레이트 얀
a 다홍색 50g, 크림색 15g,
남색 15g
b 회색 계열 혼합색 80g
바늘 12호 막힘 대바늘, 돗바늘,
뜨개용 시침핀

게이지(10㎝×10㎝)

(메리야스뜨기) 16코×22단

완성 크기

머리둘레 44㎝

뜨는 법

1 막힘 대바늘로 기초코(p.18)를 122코 만든다. 뜨개를 시작할 때 꼬리실을 100㎝ 정도 남긴다.

2 도안대로 코를 줄이면서 본체를 왕복뜨기한다.

3 떠서 꿰매기로 옆선을 꿰맨다.(p.54)

4 1과 같은 방법으로 기초코를 64코 만들어서 모자 입구를 뜬 다음 떠서 꿰매기를 해 원통으로 만든다. 본체에 감침질(p.54)로 연결하고 실 정리를 한다.(p.25)

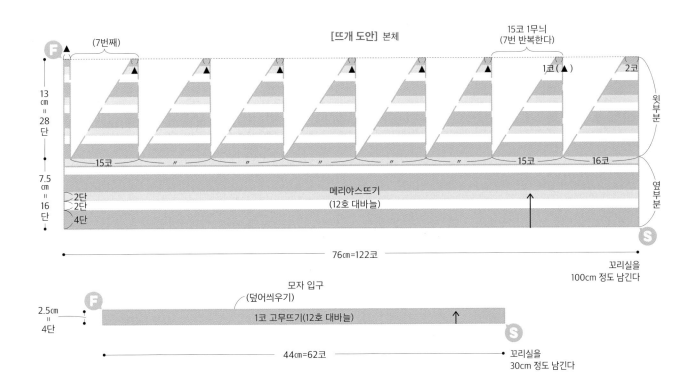

[뜨개 도안] 본체

15코 1무늬
(7번 반복한다)

(7번째)

윗부분

옆부분

메리야스뜨기
(12호 대바늘)

76㎝=122코

꼬리실을
100cm 정도 남긴다

모자 입구
(덮어씌우기)

1코 고무뜨기(12호 대바늘)

44㎝=62코

꼬리실을
30cm 정도 남긴다

모자 입구

□ = Ⅰ = 겉뜨기(p.19) — = 안뜨기(p.19) ● = 덮어씌우기(p.47) ▨ …다홍색 ※모자 입구는 왕복뜨기합니다. 안쪽 면을 보면서 뜨는 짝수단은 겉뜨기 기호는 안뜨기로, 안뜨기 기호는 겉뜨기로 바꿔서 뜹니다.

[뜨개 기호도] 본체

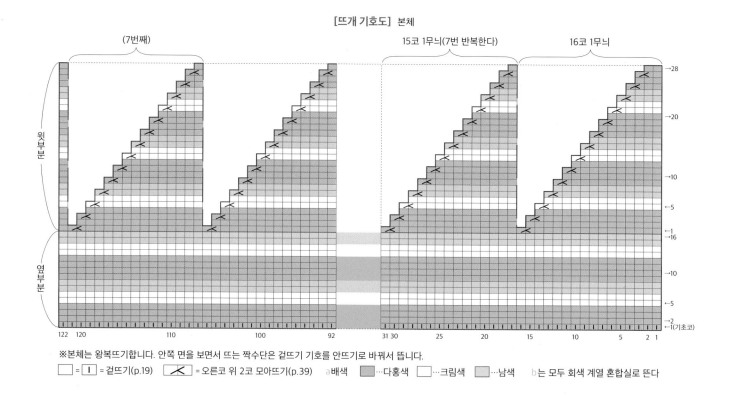

(7번째)   15코 1무늬(7번 반복한다)   16코 1무늬

윗부분
옆부분

→28
→20
←5
←1
→16
→10
←5
→2
←1(기초코)

122 120   110   100   92   31 30   25   20   15   10   5   2 1

※본체는 왕복뜨기합니다. 안쪽 면을 보면서 뜨는 짝수단은 겉뜨기 기호를 안뜨기로 바꿔서 뜹니다.

□ = │ = 겉뜨기(p.19)   ☒ = 오른코 위 2코 모아뜨기(p.39)   a배색 ■…다홍색 □…크림색 ■…남색   b는 모두 회색 계열 혼합실로 뜬다

[마무리]

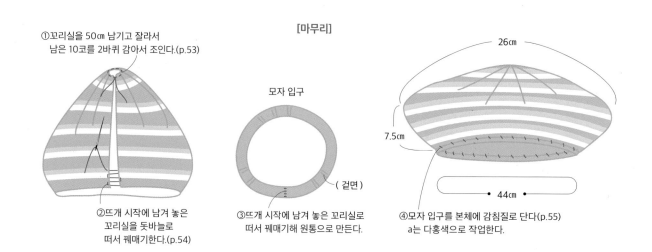

①꼬리실을 50㎝ 남기고 잘라서
남은 10코를 2바퀴 감아서 조인다.(p.53)

②뜨개 시작에 남겨 놓은
꼬리실을 돗바늘로
떠서 꿰매기한다.(p.54)

모자 입구

(겉면)

③뜨개 시작에 남겨 놓은 꼬리실로
떠서 꿰매기해 원통으로 만든다.

26cm

7.5cm

44cm

④모자 입구를 본체에 감침질로 단다(p.55)
a는 다홍색으로 작업한다.

'평평하게 뜨는 베레모' 뜨는 법 설명

막힘 대바늘로 왕복뜨기합니다.
윗부분은 실을 통과시켜 조인 다음 옆선은 떠서 꿰맵니다.

1 막힘 대바늘로 옆부분 왕복뜨기

b는 회색 단색으로, a는 색을 바꾸면서 가로줄무늬로 뜬다

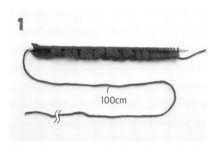

막힘 대바늘로 왕복뜨기하면서 옆부분을 직선으로 뜬다.

실을 바꾼다. 오른손에 뜨던 실과 새 실을 함께 잡고 새 실만 왼손에 건다.

3코 정도 뜨면 오른손으로 잡고 있던 실을 놓아도 된다.

같은 방법으로 실을 세로로 걸치면서 다음 배색실을 뜬다.

걸친 실로 뜨개를 진행하는 모습.

4단 이상 걸칠 때는 실 사이(여기에서는 2단)의 오른쪽 끝에서, 걸치는 실과 교차해 놓는다.

같은 요령으로 줄임코하기 전(16단)까지 뜬다.

2 코 줄여서 윗부분 뜨기

왼코 위 2코 모아뜨기로 코를 줄인다

8

윗부분 첫단. 줄임코 전까지 다 뜨고 화살표처럼 2코 한 번에 바늘을 넣는다.

9

실을 건다.

10

앞으로 빼낸다. 왼쪽 코를 바늘에서 빼낸다.

11

같은 방법을 기호도에 따라서 반복한다.

12

18단을 뜨는 모습. 코가 줄면서 부채꼴이 된다.

13

22단을 뜨는 모습.

14

28단(마지막 단)까지 뜬 모습. 바늘에는 10코가 남아 있다.

3 윗부분 조이고 옆선 떠서 꿰매기

※사진에서는 알아보기 쉽도록 뜨는 색과 다른 색실로 작업을 했습니다.

15

꼬리실을 50㎝ 정도 남기고 잘라서 돗바늘에 꿴 다음 마지막 단에 통과시킨다.

16

첫 바퀴 통과시킬 때는 바늘에서 코를 빼지 않는다.

17

두 바퀴째. 코를 바늘에서 빼내면서 통과시킨다.

18

두 바퀴를 통과시킨 모습.

19

실을 당겨서 조인다.

20

뜨개 시작의 꼬리실을 바늘에 꿰서 옆선을 떠서 꿰매기한다.

※사진에서는 알아보기 쉽도록 뜨는 색과 다른 색실로 작업을 했습니다.

옆선은 겉면이 위를 향하도록 놓은 후 단을 맞춘다.

가장 끝 코와 두 번째 코 사이에 걸친 실을 뜬다.

꼬리실 쪽도 같은 위치에 걸친 실을 뜬다.

한 단씩 위로 이동하면서 걸친 실을 뜬다.

뜨는 모습.

5단까지 뜬 모습. 실을 당겨서 떠서 꿰매기한다.

꼭대기까지 떠서 꿰매기한다. 남은 실은 안쪽 면
에 통과시켜서 실 정리를 한다.

스팀다리미로 스팀을 쫴서 모양을 정돈한다.

4 모자 입구 달기

감침질로 모자 입구를 단다   ※사진에서는 알아보기 쉽도록 뜨는 색과 다른 색실로 작업을 했습니다.

모자 입구를 뜬 다음, 뜨개 시작할 때 나왔던 꼬리실로 떠서 꿰매기해 원통으로 만든다.

겉면끼리 마주 보게 해서 가장자리를 맞춘다. 실 100㎝ 정도를 돗바늘에 꿰서 감침질한다. 본체와 모자 입구가 균형이 맞도록 시침핀으로 고정해도 된다.

모자 입구는 1코씩 본체는 2코에 1번씩 떠서 감침질한다.

여러 코를 감침질한 모습.

균등하게 주름이 잡히도록 감침질한다.

감침질이 끝나면 실 정리를 한다.

완성.

방울 달린 배색뜨기 모자

큼지막한 방울이 귀여우면서 가을 느낌이 나는 모자예요.
막힘 대바늘로 평면 뜨기한 다음 꿰매서 꼭대기를 조여요.
평평하게 뜨면 안쪽 면을 보기 편해서 배색무늬 실을 깔끔하게 걸칠 수 있어요.

✕ 대바늘

준비물

실 병태사 스트레이트 얀
그레이 베이지 35g,
적갈색 35g, 하얀색 25g,
남색 20g
바늘 10호 막힘 대바늘, 돗바늘
기타 12㎝×20㎝ 두꺼운 종이
(방울 만들기용)

게이지(10㎝×10㎝)

(배색뜨기) 19코×21단

완성 크기

머리둘레 51㎝×깊이 24㎝

뜨는 법

1 막힘 대바늘로 기초코(p.18)를 98코 만든다. 뜨개 시작할 때
꼬리실을 100㎝ 정도 남긴다.

2 도안대로 2코 고무뜨기와 배색뜨기로 왕복뜨기한다.

3 꼬리실을 100㎝ 남기고 잘라서 돗바늘에 꿴 다음 마지막 단에
통과시킨다. 떠서 꿰매기(p.54)로 옆선을 꿰맨 다음에 꼭대기
부분을 조이고(p.53), 실 정리를 한다.(p.25)

4 방울을 만들어서 단다.

[뜨개 도안]

19
㎝
=
40
단

배색뜨기
(10호 대바늘)

2코 고무뜨기
(10호 대바늘)

5㎝=10단

51㎝=98코

꼬리실을
100cm 정도 남긴다

[마무리]

①꼬리실을 100㎝ 남기고 잘라서 마지막 단이
원이 되도록 2바퀴 통과시킨다.(아직 조이지 않는다)

②뜨개 시작할 때
남겨 놓은 꼬리실로
떠서 꿰매기한다.

(겉면)

③떠서 꿰매기가 끝나면 ①을 조인다.
방울을 만들어서 단다.

8㎝

적갈색과 그레이베이지
2가닥을 120번 감아 다

24㎝

51㎝

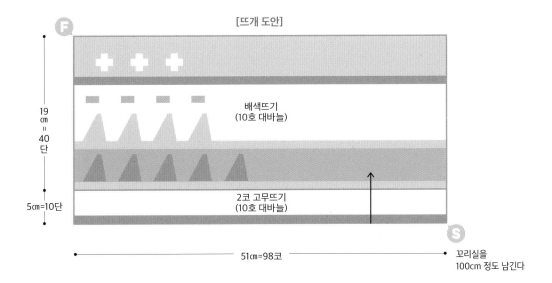

[뜨개 기호도]

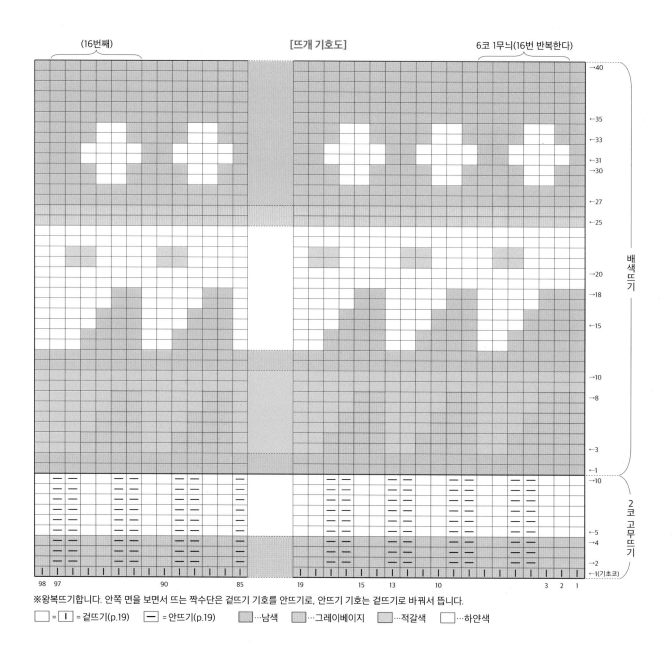

(16번째)　　　　6코 1무늬(16번 반복한다)

→40
←35
←33
←31
→30
←27
←25
→20
→18
←15
→10
→8
←3
←1

배색뜨기

→10
←5
←4
→2
←1(기초코)

2코 고무뜨기

98 97　　　90　　　85　　　19　　　15　13　　10　　　　3 2 1

※왕복뜨기합니다. 안쪽 면을 보면서 뜨는 짝수단은 겉뜨기 기호를 안뜨기로, 안뜨기 기호는 겉뜨기로 바꿔서 뜹니다.

☐ = | = 겉뜨기(p.19)　　─ = 안뜨기(p.19)　　…남색　　…그레이베이지　　…적갈색　　☐…하얀색

배색뜨기 안쪽 면에서 실을 걸치는 법

1

무늬뜨기를 시작 전까지 바탕실(그레이 베이지)로 뜬다.

2

배색실(적갈색)과 바탕실의 꼬리실을 오른손으로 잡고 왼손에 배색실을 걸어서 뜬다.

3

배색실로 기호도대로 뜨는 모습.

4

편물이 오그라들거나 늘어지지 않도록 안쪽 면에서 걸치는 실의 장력을 적절히 조절해서 한 번 더 바탕실로 뜬다.

5

바탕실로 기호도대로 뜨는 모습.

6

다시 한번 배색실로 뜬다. 바탕실 아래를 통과해서 실을 걸친다.

7

배색실로 뜨는 모습.

8

반복해서 마지막까지 뜬다.

9

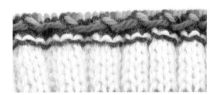

안쪽 면 모습. 바탕실은 위에, 배색실은 아래에 걸쳐져 있다.

안쪽 면(짝수단)을 뜬다.

실을 바꾸기 전까지 뜬다.

처음 실을 바꾸는 부분에서 두 가닥을 교차한다.

바탕실로 뜨개를 진행한다.

바탕실 위로 걸친 다음 배색실로 뜬다.

같은 방법을 반복하면서 뜬다.

안쪽 면 모습.

1

지정한 크기의 두꺼운 종이와 실을 준비한 다음,
종이에 칼집을 넣는다.

2

종이에 지정된 횟수만큼 실을 감는다. (이번에는
2색 120번)

3

실을 감은 모습.

4

50㎝ 정도 별도 실을 준비해서 칼집을 넣은 부분
에 넣어서 가운데를 묶는다.

5

양 끝을 자르고 종이에서 빼낸다.

6

동그랗게 자르면서 모양을 정리한다.

7

가운데 묶은 실을 모자 꼭대기 부분에 통과시켜
서 안쪽 면에서 묶은 다음 남은 실은 자른다.

태슬 달린 모노톤 모자

배색무늬뜨기를 모노톤으로 뜬 모자예요.
세 가지 색을 사용했는데 한 단에 사용하는 색이 두 가지뿐이라
보기보다 쉽게 뜰 수 있어요. 흔들리는 태슬은 방울만큼
캐주얼해 보이지 않으면서 나만의 개성이 드러나요.

✕ 대바늘

준비물

실 병태사 스트레이트 얀
회색 40g, 하얀색 30g,
검은색 20g

바늘 10호 막힘 대바늘, 돗바늘

기타 15㎝×10㎝ 두꺼운 종이
(태슬 만들기용)

게이지(10㎝×10㎝)

(배색뜨기) 19코×21단

완성 크기

머리둘레 38㎝×깊이 29.5㎝

뜨는 법

1 막힘 대바늘로 기초코(p.18)를 98코 만든다. 뜨개 시작할 때 꼬리실을 120㎝ 정도 남긴다.

2 도안대로 2코 고무뜨기와 배색뜨기(p.59)로 왕복뜨기한다.

3 꼬리실을 100㎝ 남기고 잘라서 돗바늘에 꿴 다음 마지막 단에 통과시킨다. 떠서 꿰매기(p.54)로 옆선을 꿰맨 다음에 꼭대기 부분을 조이고(p.53) 실 정리를 한다.(p.25)

4 태슬을 만들어서 단다.

[뜨개 도안]

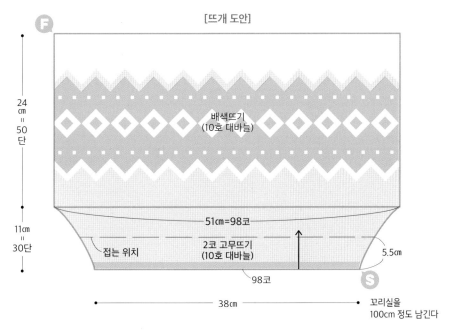

F

24
㎝
=
50
단

11
㎝
=
30단

51㎝=98코

배색뜨기
(10호 대바늘)

접는 위치

2코 고무뜨기
(10호 대바늘)

5.5㎝

S

98코

38㎝

꼬리실을
100cm 정도 남긴다

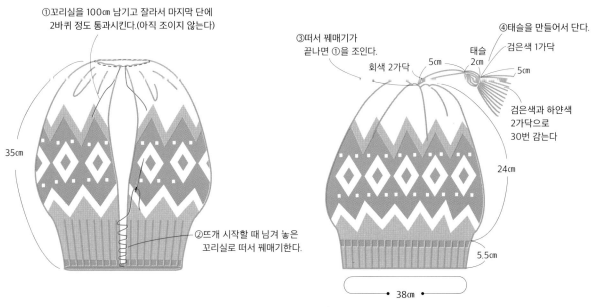

①꼬리실을 100㎝ 남기고 잘라서 마지막 단에
2바퀴 정도 통과시킨다.(아직 조이지 않는다)

35㎝

②뜨개 시작할 때 남겨 놓은
꼬리실로 떠서 꿰매기한다.

③떠서 꿰매기가
끝나면 ①을 조인다.

④태슬을 만들어서 단다.

회색 2가닥

5cm

태슬
2cm

검은색 1가닥

5cm

검은색과 하얀색
2가닥으로
30번 감는다

24㎝

5.5㎝

38㎝

[뜨개 기호도]

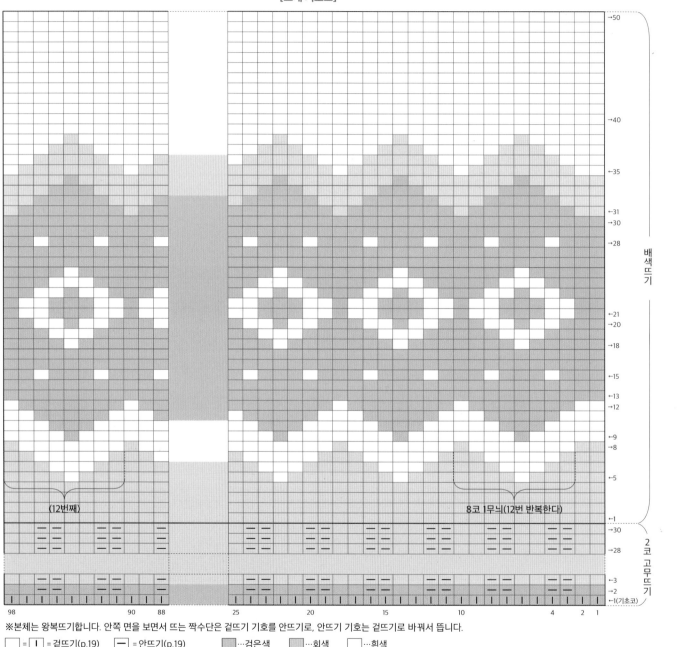

(12번째)

8코 1무늬(12번 반복하다)

배색뜨기

2코 고무뜨기

98   90   88   25   20   15   10   4   2   1

※본체는 왕복뜨기합니다. 안쪽 면을 보면서 뜨는 짝수단은 겉뜨기 기호를 안뜨기로, 안뜨기 기호는 겉뜨기로 바꿔서 뜹니다.

☐ = Ｉ = 겉뜨기(p.19)   — = 안뜨기(p.19)   ▨…검은색   ▨…회색   ☐…흰색

1

지정한 크기의 두꺼운 종이와 실을 준비한다.

2

종이에 지정된 횟수만큼 실을 감는다. (이번에는 2색 30번)

3

실을 감은 모습. 30㎝ 정도 길이의 다른 실을 2가 닥 준비해서 두꺼운 종이의 한쪽 끝에 통과시켜 묶는다.

4

묶지 않은 쪽을 자른다.

5

30㎝ 길이의 실을 1가닥 더 준비해서 매듭에서 2㎝ 아랫부분을 묶는다.

6

지정한 길이로 잘라서 정리한다.

7

완성. 3에서 묶은 실을 모자 꼭대기에 통과시킨 다음 지정한 길이를 남기고 안쪽에서 묶는다. 남 은 꼬리실을 자른다.

LEVEL
✿ ✿

부드럽고 폭신한 모자

굵직한 고무뜨기 무늬가 귀엽지요?
폭신폭신하고 낙낙한 모자예요.
겉뜨기와 안뜨기를 조합해서 굵직굵직
울퉁불퉁한 느낌이 드는 독특한 디자인이에요.
자연스럽게 모자가 뒤로 처지기 때문에
쓰기도 아주 편해요.

✕ 대바늘

준비물

실 병태사 스트레이트 얀
회색 120g
바늘 6호 막힘 대바늘, 돗바늘

게이지(10㎝×10㎝)

(무늬뜨기) 22코×28단

완성 크기

머리둘레 38㎝×깊이 35㎝

뜨는 법

1 막힘 대바늘로 기초코(p.18)를 142코 만든다. 뜨개 시작할 때 꼬리실을 120㎝ 정도 남긴다.

2 도안대로 2코 고무뜨기와 무늬뜨기로 코를 줄이면서 왕복뜨기한다.

3 꼬리실을 100㎝ 남기고 잘라서 돗바늘에 꿴 다음 마지막 단에 통과시킨다. 떠서 꿰매기(p.54)로 옆선을 꿰맨 다음에 꼭대기 부분을 조이고(p.53) 실 정리를 한다.(p.25)

[뜨개 도안]

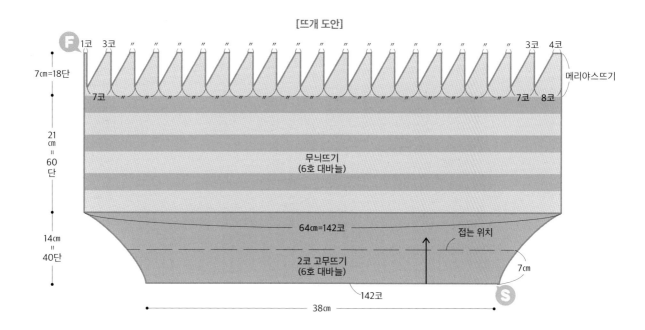

[마무리]

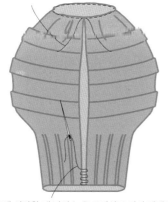

①꼬리실을 100㎝ 남기고 잘라서 남은 62코에 2바퀴 통과시킨다.(아직 조이지 않는다)

②뜨개 시작할 때 남겨 놓은 꼬리실로 떠서 꿰매기한다.

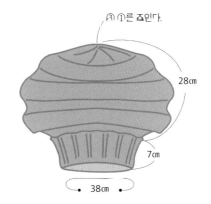

ⓐ ①를 조인다.

[뜨개 기호도]

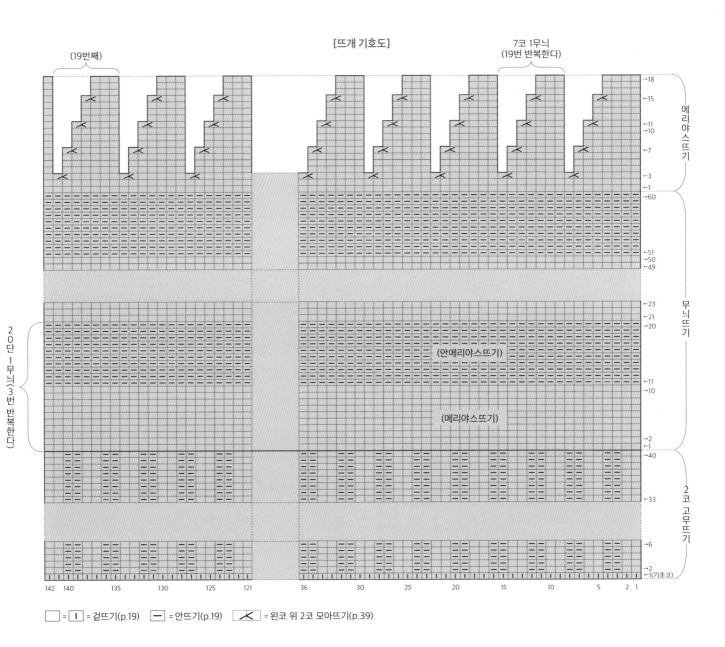

(19번째)

7코 1무늬
(19번 반복한다)

메리야스뜨기

무늬뜨기

(안메리야스뜨기)

(메리야스뜨기)

20단 1무늬(3번 반복한다)

2코 고무뜨기

→18
←15
→11
→10
←7
←3
←1
→60
←51
←50
←49
→23
←21
→20
←11
→10
←2
←1
→40
←33
→6
←2
←1(기초코)

142 140   135   130   125   121   36   30   25   20   15   10   5   2 1

□ = | = 겉뜨기(p.19)   — = 안뜨기(p.19)   ⟋ = 왼코 위 2코 모아뜨기(p.39)

짧은뜨기 기본 모자

원형코로 뜨개를 시작해 빙글빙글 코를 늘리면서 짧은뜨기해요.
특히 주의해야 할 포인트는 다음 단으로 올라갈 때 빼뜨기하기와 단 제일 처음에 바늘 넣는 위치랍니다.
p.71부터 나오는 과정을 찬찬히 살펴보면서 틀리지 않도록 주의하세요.

코바늘

준비물

실   극태사 스트레이트 얀
     회색 80g,
     갈색 계열 혼합색 15g
바늘 7/0호 코바늘, 돗바늘

게이지(10㎝×10㎝)

(짧은뜨기) 15코×14단

완성 크기

머리둘레 53㎝×깊이 24㎝

뜨는 법

1 원형코잡기(p.71)로 10코를 만든다.
2 도안대로 색을 바꾸고 짧은뜨기는 코를 늘리면서 뜬다.
3 실 정리를 한다.(p.73)

[뜨개 도안]

[뜨개 기호도]

8코(이것을 10번 반복한다)

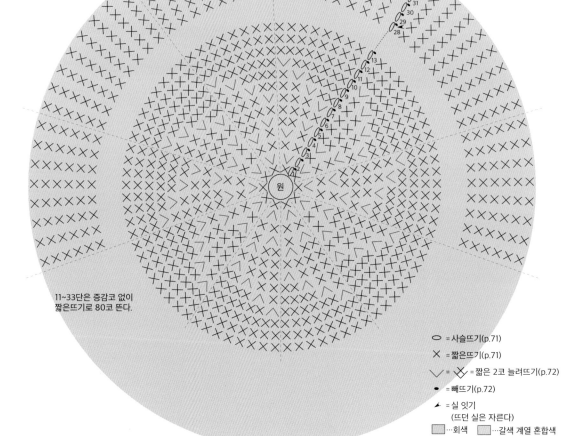

11~33단은 증감코 없이
짧은뜨기로 80코 뜬다.

⌒ = 사슬뜨기(p.71)

✕ = 짧은뜨기(p.71)

∨ = ⋏ = 짧은 2코 늘려뜨기(p.72)

● = 빼뜨기(p.72)

➤ = 실 잇기
    (뜨던 실은 자른다)

▢…회색   ▢…갈색 계열 혼합색

'짧은뜨기 기본 모자' 뜨는 법 설명

이 모자에서 사슬뜨기, 짧은뜨기, 코 늘리는 방법까지
코바늘뜨기의 기본 기법을 익힙니다.

1 첫 단. 코바늘로 코잡기

원형코잡기

실 끝에서 20㎝ 위치(★)에서 오른손 집게손가락에 2번 감는다.

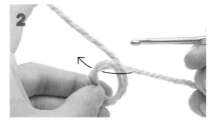

손가락에서 원을 빼서 왼손으로 잡고, 실을 손가락에 건다. 오른손에 코바늘을 쥐고 원 가운데에 넣는다.

바늘에 실을 걸어서 원에서 빼낸다.

빼낸 모습.

원 바깥쪽에서 바늘에 실을 걸고 고리 사이로 빼낸다.

빼낸 모습. 꽉 조인다. 여기까지가 기초코다.

사슬뜨기

바늘에 실을 걸어 고리 사이로 빼낸다.

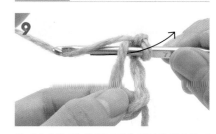

사슬뜨기 1코 완성. 이것이 '기둥코'이다.

짧은뜨기

원 가운데에 바늘을 넣고 실을 걸어서 원에서 빼낸다.

빼낸 모습.

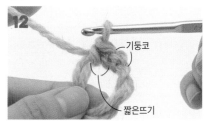

원 바깥에서 바늘에 실을 걸고 바늘에 걸린 모든 고리 사이로 빼낸다.

짧은뜨기 1코를 완성한 모습. 짧은뜨기의 기둥코는 1코로 세지 않는다.

13

지정한 콧수만큼 짧은뜨기한 다음, 기둥코가 아니라 뜨개 시작의 짧은뜨기 코머리에 바늘을 넣는다.

14

바늘에 실을 걸고, 바늘에 걸린 모든 고리에서 빼낸다.

15

빼낸 모습. 빼뜨기 완성.

2 2단. 짧은뜨기로 둥글게 뜨기   짧은 2코 늘려뜨기

16

바늘 끝을 원 가운데에 넣고 꼬리실을 당겨서 원을 조인다.

17

첫 단 짧은뜨기를 완성했다. 사슬뜨기로 기둥코 1코를 뜬다. 다음에 앞단의 짧은뜨기 코머리(화살표 위치)에 바늘을 넣는다.

18

바로 아래단 짧은뜨기 코머리에 바늘을 넣은 모습.

19

짧은뜨기 1코를 한다.

20

같은 코에 바늘을 넣고 짧은뜨기를 1코 더 뜬다. '짧은 2코 늘려뜨기'를 완성한 모습.

21

18~20을 반복해서 첫 단 10코에 모두 짧은뜨기를 2개씩 떠나간다.

22

2단의 첫코 짧은뜨기 코머리에 바늘을 넣어서 빼뜨기한다. 기둥코에는 뜨지 않는다.

23

2단을 완성한 모습. 3단부터는 지정한 위치에서 '짧은 2코 늘려뜨기'를 하며 코를 늘려간다.

실 바꾸는 법 실 한 타래를 다 쓴 후에 새 실로 뜰 때 이 방법으로 실을 바꾼다. 실색을 바꾸는 방법도 같다.

※사진은 알아보기 쉽도록 뜨는 색과 다른 색실로 작업을 했습니다.

24

단 마지막 코에서 실을 바꾼다. 단 마지막 빼뜨기를 새 실로 빼낸다.

25

새 실로 뜨개를 시작한다.

26

이 도안에서는 기둥코 사슬을 1코 뜬다.

27

계속해서 짧은뜨기한다.

28

꼬리실을 모두 마지막에 정리한다.

실 정리하는 법

29

뜨개가 끝나면 실을 20㎝ 정도 남기고 잘라서 돗바늘에 꿴다. 가까운 곳에 있는 편물 안쪽의 코에 통과시킨다.

30

방향을 바꿔서 다시 한번 코에 통과시킨다.

31

남은 실은 자른다.

모눈뜨기 파이핑 모자

원형코잡기로 시작해서 대부분 한길긴뜨기로 떠요. 사이사이에
비침무늬가 들어가고 사슬뜨기를 그대로 건져 올려 뜨기 때문에
번거롭지 않고 비교적 단시간에 완성할 수 있어요.

준비물

실 병태사 스트레이트 얀
카키색 80g, 다홍색 10g

바늘 5/0호 코바늘, 돗바늘

게이지(10cm×10cm)

(한길긴뜨기) 20코×8단

완성 크기

머리둘레 54cm×깊이 20cm

뜨는 법

1 원형코잡기(p.77)로 12코 만든다.

2 기호도대로 한길긴뜨기로 코를 늘리면서 뜨는데 마지막에는 실을 바꿔서(p.73) 짧은뜨기한다.

3 끈을 떠서 본체에 통과시킨다.

4 실 정리를 한다.(p.73)

[뜨개 도안] ※기호도는 p.76
본체

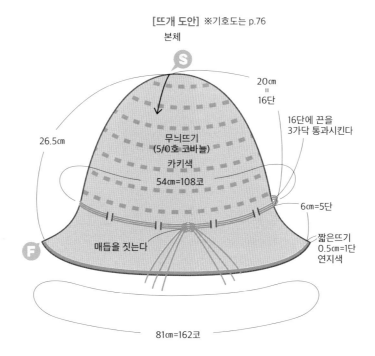

- 20cm = 16단
- 16단에 끈을 3가닥 통과시킨다
- 26.5cm
- 무늬뜨기 (5/0호 코바늘) 카키색
- 54cm=108코
- 6cm=5단
- 짧은뜨기 0.5cm=1단 연지색
- 매듭을 짓는다
- 81cm=162코

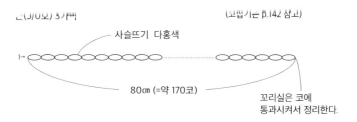

끈(5/0호) 3가닥

(코잡기는 p.142 참고)

사슬뜨기 다홍색

80cm (=약 170코)

꼬리실은 코에 통과시켜서 정리한다.

[뜨개 기호도]

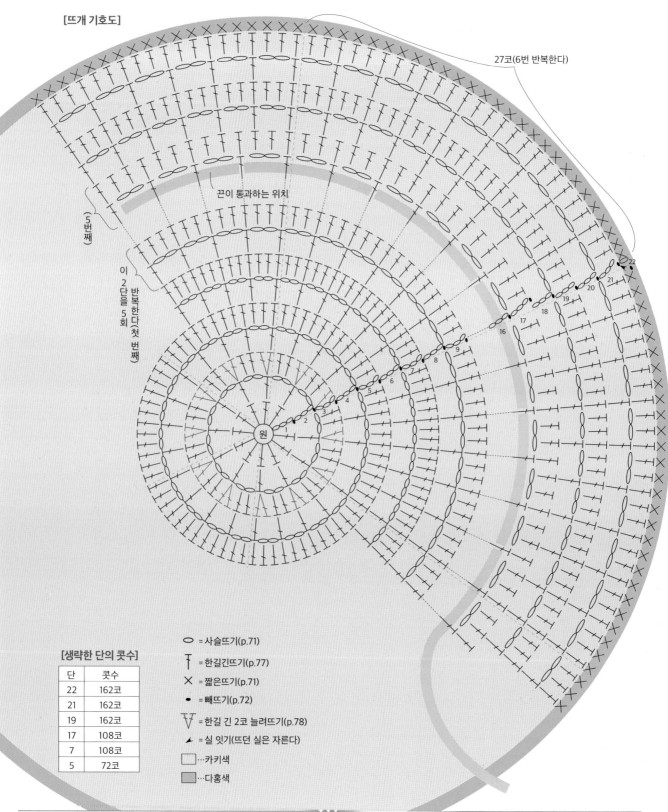

27코(6번 반복한다)

끈이 통과하는 위치

(5번째)

이 2단을 반복한다 5회(첫 번째)

원

1 2 3 4 5 6 7 8 9 16 17 18 19 20 21 22

[생략한 단의 콧수]

단	콧수
22	162코
21	162코
19	162코
17	108코
7	108코
5	72코

◯ = 사슬뜨기(p.71)
╀ = 한길긴뜨기(p.77)
✕ = 짧은뜨기(p.71)
• = 빼뜨기(p.72)
ᐱ = 한길 긴 2코 늘려뜨기(p.78)
↙ = 실 잇기(뜨던 실은 자른다)
☐ …카키색
▨ …다홍색

원형코잡기(한길긴뜨기)

원형코잡기(p.71 원형코잡기 6번까지)로 뜨개를 시작한다.

한길긴뜨기

기둥코로 사슬 3코를 뜬다. 한길긴뜨기의 경우 이것을 1코로 센다.

하나

먼저 바늘에 실을 한 번 걸고 나서, 원 가운데에 넣고 다시 한번 바늘에 실을 건다. 화살표 방향으로 빼낸다.

빼낸 모습.

둘

실을 같은 높이가 되도록 맞추고 다시 한번 바늘에 실을 걸어서 고리 2개를 빼낸다.

셋

다시 한번 바늘에 실을 걸고 바늘에 걸린 고리 2개를 빼낸다.

한길긴뜨기 1코가 완성된 모습.

계속해서 한길긴뜨기로 10코 더 뜬다.

9

바늘 끝을 원 가운데에 넣고 꼬리실을 당겨서 원을 조인다.

10

기둥코 사슬 3번째 코에 바늘을 넣는다.

11

바늘에 실을 걸고 바늘에 걸린 고리를 모두 빼낸다.

12

빼낸 모습. 첫단 완성.

13

2단. 기둥코로 사슬 3코를 뜨고 2단을 기호대로 뜬다.

14

3단. 기둥코로 사슬 3코를 뜨고 계속해서 한길긴뜨기를 한다. 앞단이 사슬뜨기면 사진과 같이 묶어 줍기한다.

한길 긴 2코 늘려뜨기

15

앞단이 한길긴뜨기인 경우, 한길긴뜨기 코머리에 바늘을 넣는다.

16

같은 코에 다시 한번 한길긴뜨기를 한다. '한길 긴 2코 늘려뜨기'를 완성한 모습.

가죽 벨트 구슬뜨기 모자

한길긴뜨기에서 마지막 빼내기 전까지를 세 번 반복한 다음
마지막에 한꺼번에 빼내면 아몬드 같은 모양의 무늬가 완성돼요.
이것을 한길 긴 3코 구슬뜨기라고 부른답니다.
계속해서 뜨면 꽃잎 무늬가 완성되지요.
가죽 벨트를 채우면 고전적인 스타일로 변신해요.

준비물

실 병태사 스트레이트 얀
회색 100g

바늘 7/0호 코바늘, 돗바늘

기타 폭 1cm×길이 63cm 가죽 벨트

게이지(10cm×10cm)

(무늬뜨기) 4무늬=9.5cm, 6단=10cm

완성 크기

머리둘레 57cm×깊이 18cm

뜨는 법

1 원형코잡기(p.82)로 구슬뜨기와 사슬뜨기를 6코 만든다.

2 기호도대로 구슬뜨기와 사슬뜨기로 코를 늘리면서 뜨는데 챙은 짧은뜨기를 한다.

3 벨트 고리를 떠서 달고 가죽 벨트를 통과시킨다.

4 실 정리를 한다.(p.73)

[뜨개 도안]
본체

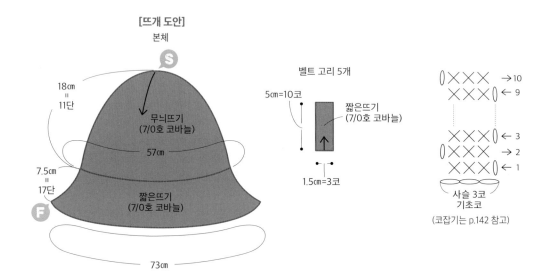

벨트 고리 5개
5cm=10코
짧은뜨기
(7/0호 코바늘)
1.5cm=3코

18cm
=
11단

무늬뜨기
(7/0호 코바늘)

57cm

7.5cm
=
17단

S

F

짧은뜨기
(7/0호 코바늘)

73cm

→10
← 9
← 3
→ 2
← 1

사슬 3코
기초코

(코잡기는 p.142 참고)

[마무리]

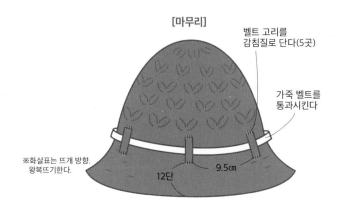

벨트 고리를
감침질로 단다(5곳)

가죽 벨트를
통과시킨다

※화살표는 뜨개 방향.
왕복뜨기한다.

12단

9.5cm

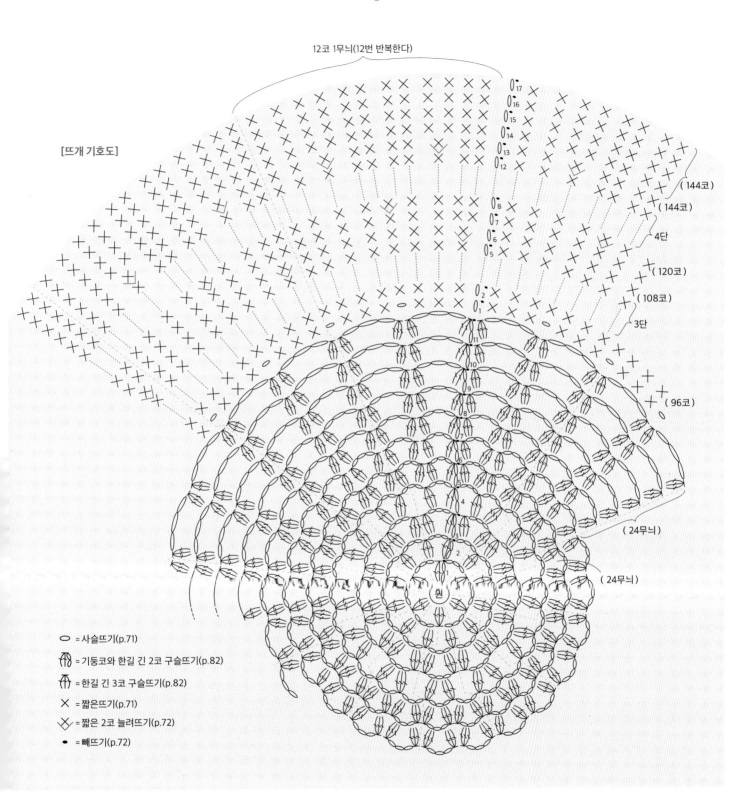

12코 1무늬(12번 반복한다)

[뜨개 기호도]

(144코)
(144코)
4단
(120코)
(108코)
3단
(96코)
(24무늬)
(24무늬)

원

◯ = 사슬뜨기(p.71)

🖂 = 기둥코와 한길 긴 2코 구슬뜨기(p.82)

🖂 = 한길 긴 3코 구슬뜨기(p.82)

✕ = 짧은뜨기(p.71)

✕ = 짧은 2코 늘려뜨기(p.72)

• = 빼뜨기(p.72)

원형코잡기(구슬뜨기)

원형코잡기(p.71 원형코잡기 6번까지)로 만들고 기둥코 사슬을 2개 뜬다.

기둥코와 한길 긴 2코 구슬뜨기

바늘에 실을 건다.

실이 걸린 채로 원 가운데에 바늘을 넣는다.

미완성 한길긴뜨기(p.77 한길긴뜨기 5번까지) 1코를 뜬다.

다시 2~4번을 반복한다. 바늘에 실을 걸어서 화살표처럼 바늘에 걸린 모든 고리를 빼낸다.

빼낸 모습. '기둥코와 한길 긴 2코 구슬뜨기'를 완성했다. 계속해서 사슬뜨기를 3코 한다.

한길 긴 3코 구슬뜨기

미완성 한길긴뜨기를 3코를 뜬다.

바늘에 실을 걸어서 바늘에 걸린 모든 고리를 빼낸다. '한길 긴 3코 구슬뜨기'를 완성했다.

한길 긴 3코 구슬뜨기를 5코 완성한 다음에 바늘 끝을 원 가운데에 넣고 꼬리실을 당겨서 원을 조인다.

사슬뜨기를 3코 한다. 화살표 위치에 바늘을 넣는다.

첫단의 첫 구슬뜨기 코머리에 바늘을 넣고 실을 걸어서 빼낸다.

첫단을 완성한 모습.

태슬 달린 구슬뜨기 베레모

레트로한 분위기가 나는 비비드 컬러를 조합한 베레모예요.
윗부분부터 원통 뜨기로 뜨개를 진행해서 모자 입구까지 떠내려가요.
실색을 바꿀 때 자르지 않고 쉬었다가 뜰 수 있어서 정말 편해요.
짧은뜨기와 구슬뜨기의 개수로 모자 지름을 조절하니까 도안을 잘 보면서 따라 해 보세요.

코바늘

준비물

실 병태사 스트레이트 얀
아쿠아블루 35g, 보라색 35g,
다홍색 35g

바늘 7/0호 코바늘, 돗바늘

기타 15cm×10cm 두꺼운 종이
(태슬 만들기용)

게이지(10cm×10cm)

(무늬뜨기) 15.5코×9.5단

완성 크기

머리둘레 50cm×깊이 25.5cm

뜨는 법

1 원형코잡기(p.82)로 구슬뜨기와 사슬뜨기를 6코 만든다.

2 기호도대로 무늬뜨기하면서 코를 늘리고, 모자 입구는
짧은뜨기한다.(실을 자르지 않고 안쪽에서 걸치면서 바꾼다)

3 태슬을 만들어서 단다.(p.65)

4 실 정리를 한다.(p.73)

[뜨개 도안]

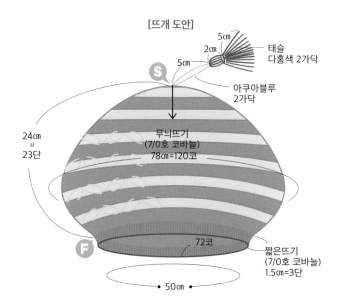

[뜨개 기호도]

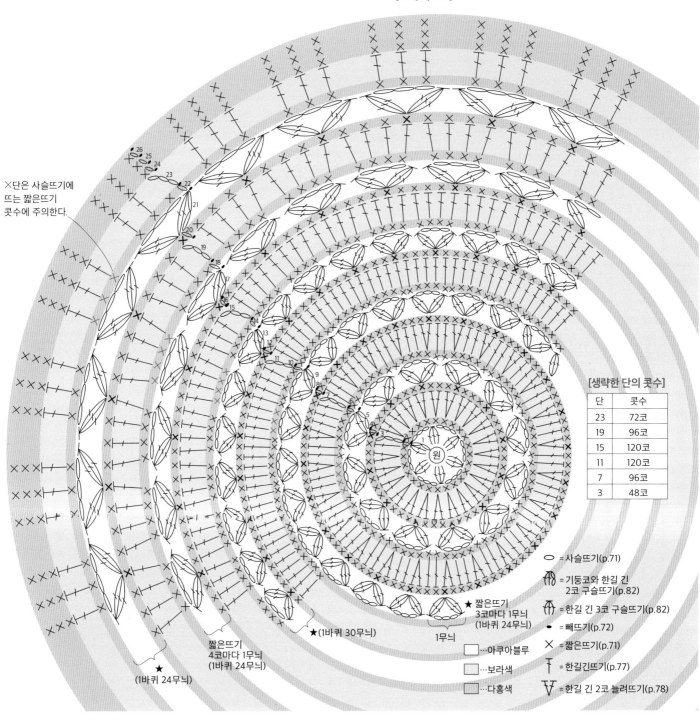

×단은 사슬뜨기에
뜨는 짧은뜨기
콧수에 주의한다.

[생략한 단의 콧수]

단	콧수
23	72코
19	96코
15	120코
11	120코
7	96코
3	48코

★ 짧은뜨기
3코마다 1무늬
(1바퀴 24무늬)

1무늬

★(1바퀴 30무늬)

짧은뜨기
4코마다 1무늬
(1바퀴 24무늬)

★
(1바퀴 24무늬)

= 사슬뜨기(p.71)

= 기둥코와 한길 긴
2코 구슬뜨기(p.82)

= 한길 긴 3코 구슬뜨기(p.82)

• = 빼뜨기(p.72)

× = 짧은뜨기(p.71)

= 한길긴뜨기(p.77)

= 한길 긴 2코 늘려뜨기(p.78)

☐ …아쿠아블루

☐ …보라색

☐ …다홍색

a

LEVEL

부분 줄무늬 베레모

굵은 실로 숭덩숭덩 뜨는 캐주얼한 베레모예요.
뜨는 콧수와 단수가 적어서 가장 많은 부분이 1단에 66코랍니다.
짧은뜨기해서 튼튼해 보일 수 있도록 완성했어요.

b

준비물

실 a 극태사 로빙 얀 회색 60g,
슬러브 얀 파란색 계열 50g
b 극태사 로빙 얀 초록색 60g,
슬러브 얀 초록색 계열 50g

바늘 10/0호 코바늘, 돗바늘

게이지(10㎝×10㎝)

(짧은뜨기) 8.5코×11단

완성 크기

머리둘레 49㎝

뜨는 법

1 원형코잡기(p.71)로 짧은뜨기를 6코 만든다.

2 기호도대로 중간에 색을 바꾸고 짧은뜨기로 코를 늘리면서 본체를
뜬다.(기호도에서 표기하지 않은 부분은 실을 자르지 않고 안쪽에서
걸치며 바꾼다)

3 끈을 만들어서 단다.

4 실 정리를 한다.(p.73)

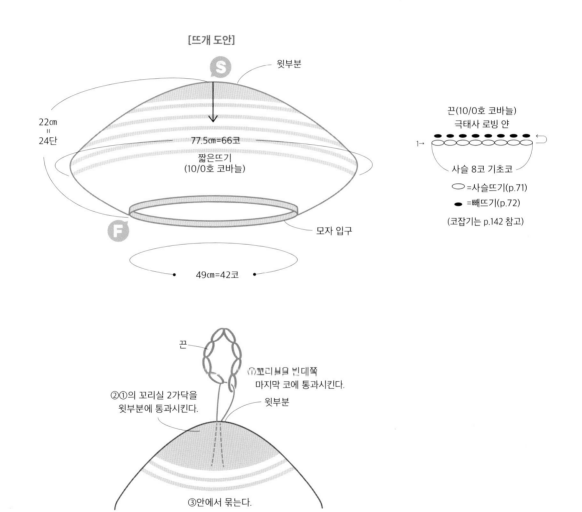

[뜨개 도안]

S

윗부분

22㎝
=
24단

77.5㎝=66코
짧은뜨기
(10/0호 코바늘)

F

모자 입구

49㎝=42코

끈(10/0호 코바늘)
극태사 로빙 얀

1→

사슬 8코 기초코

◯ =사슬뜨기(p.71)

● =빼뜨기(p.72)

(코잡기는 p.142 참고)

끈

①꼬리실을 빈대쪽
마지막 코에 통과시킨다.

②①의 꼬리실 2가닥을
윗부분에 통과시킨다.

윗부분

③안에서 묶는다.

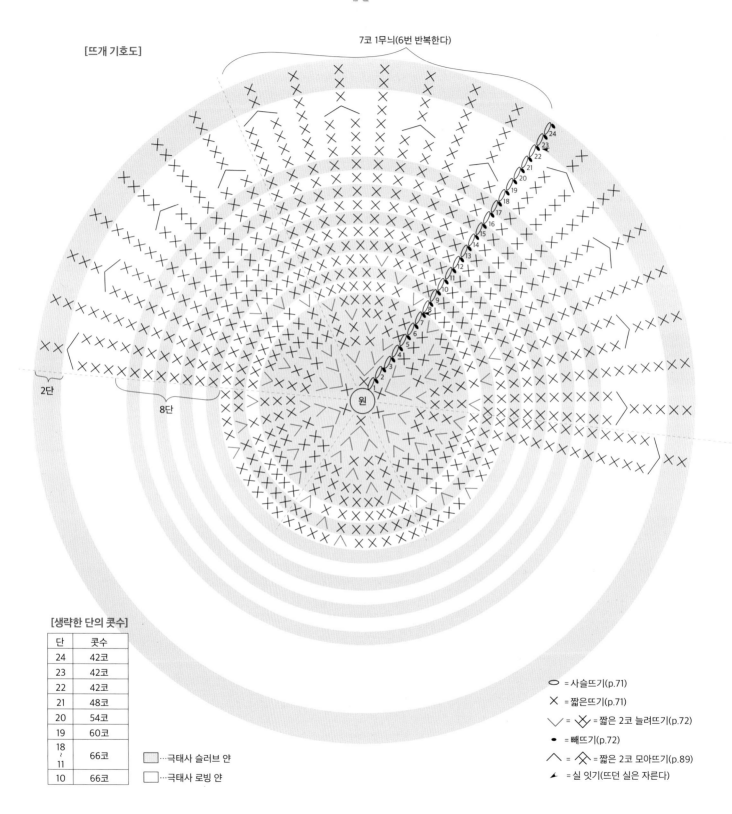

[뜨개 기호도]

7코 1무늬(6번 반복한다)

원

2단

8단

[생략한 단의 콧수]

단	콧수
24	42코
23	42코
22	42코
21	48코
20	54코
19	60코
18~11	66코
10	66코

▨…극태사 슬러브 얀

☐…극태사 로빙 얀

◯ = 사슬뜨기(p.71)

✕ = 짧은뜨기(p.71)

∨ = ✕ = 짧은 2코 늘려뜨기(p.72)

● = 빼뜨기(p.72)

∧ = ✕ = 짧은 2코 모아뜨기(p.89)

➴ = 실 잇기(뜨던 실은 자른다)

2코 모아뜨기 첫코에 화살표처럼 바늘을 넣는다.

바늘을 넣어서 실을 건 모습. 바늘을 빼낸다.

빼낸 모습. 계속해서 옆 코에 화살표처럼 바늘을 넣는다.

바늘을 넣은 모습.

바늘에 실을 걸고 코 사이로 실을 빼낸다.

빼낸 모습.

바늘에 실을 걸고 바늘에 걸린 모든 고리를 빼낸다.

'짧은 2코 모아뜨기'를 완성한 모습.

모티브 활용 귀마개 모자

향수를 자극하는 느낌의 모자예요.
정수리 부분의 꽃 모티브가 아래로 이어지게 둥글게 떠내려가요.
귀마개로 만든 모티브도 같은 뜨개법으로 5단까지 떠서 모자에 꿰매요.
마지막에 실을 땋으면 완성이랍니다.

🧶 코바늘

준비물

실 병태사 스트레이트 얀
아이보리 70g, 진갈색 40g,
베이지 30g
바늘 7/0호 코바늘, 돗바늘
기타 12cm×12cm 두꺼운 종이(방울
만들기용)

게이지(10cm×10cm)

(무늬뜨기) 3무늬×9단

완성 크기

머리둘레 50cm×깊이 25cm

뜨는 법

1 원형코잡기(p.77)로 10코 만든다.
2 기호도대로 중간에 색을 바꾸고 귀마개를 2장 무늬뜨기로 코를 늘리면서
뜬다.(지정한 위치에서 베이지는 자르고 나머지는 실을 안쪽에서 걸치며 바꾼다)
3 같은 방법으로 본체를 뜬다.
4 본체에 귀마개를 꿰매고 실을 땋는다.
5 방울을 만들어서 달고(p.61), 실 정리를 한다.(p.73)

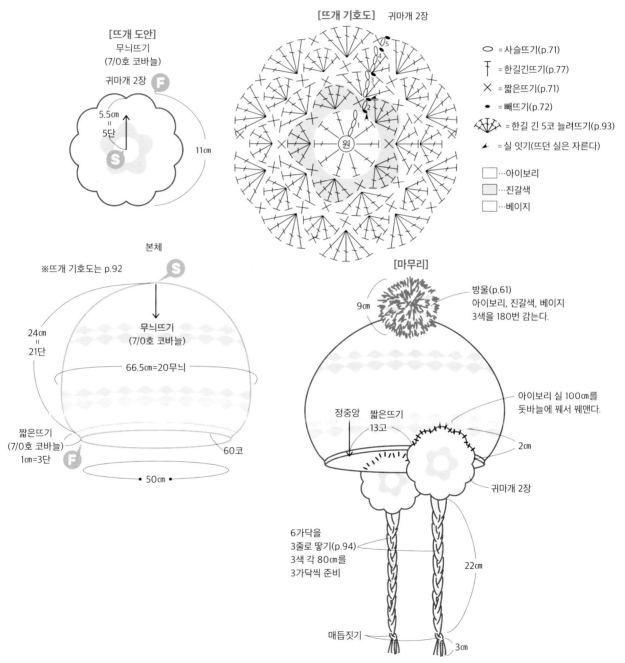

[뜨개 도안]
무늬뜨기
(7/0호 코바늘)

귀마개 2장 F

5.5cm
=
5단

S

11cm

[뜨개 기호도] 귀마개 2장

○ = 사슬뜨기(p.71)
† = 한길긴뜨기(p.77)
× = 짧은뜨기(p.71)
• = 빼뜨기(p.72)
= 한길 긴 5코 늘려뜨기(p.93)
= 실 잇기(뜨던 실은 자른다)

☐…아이보리
☐…진갈색
☐…베이지

본체

※뜨개 기호도는 p.92

S

무늬뜨기
(7/0호 코바늘)

24cm
=
21단

66.5cm=20무늬

짧은뜨기
(7/0호 코바늘)
1cm=3단 F

60코

• 50cm •

[마무리]

9cm

방울(p.61)
아이보리, 진갈색, 베이지
3색을 180번 감는다.

정중앙 짧은뜨기
13코

아이보리 실 100cm를
돗바늘에 꿰서 꿰맨다.

2cm

귀마개 2장

6가닥을
3줄로 땋기(p.94)
3색 각 80cm를
3가닥씩 준비

22cm

매듭짓기

3cm

[뜨개 기호도] 본체

○ =사슬뜨기(p.71)

T =한길긴뜨기(p.77)

X =짧은뜨기(p.71)

● =빼뜨기(p.72)

=한길 긴 5코 늘려뜨기(p.93)= 1무늬

=실 잇기(뜨던 실은 자른다)

☐ …아이보리

▨ …진갈색

☐ …베이지

[생략한 단의 콧수]

단	무늬(코)
22~24	60코
7~21	20무늬
4~6	10무늬
2~3	5무늬

※무늬는 기둥코가
들어간 곳도 센다

14, 15단은 증감코 없이 뜬다.

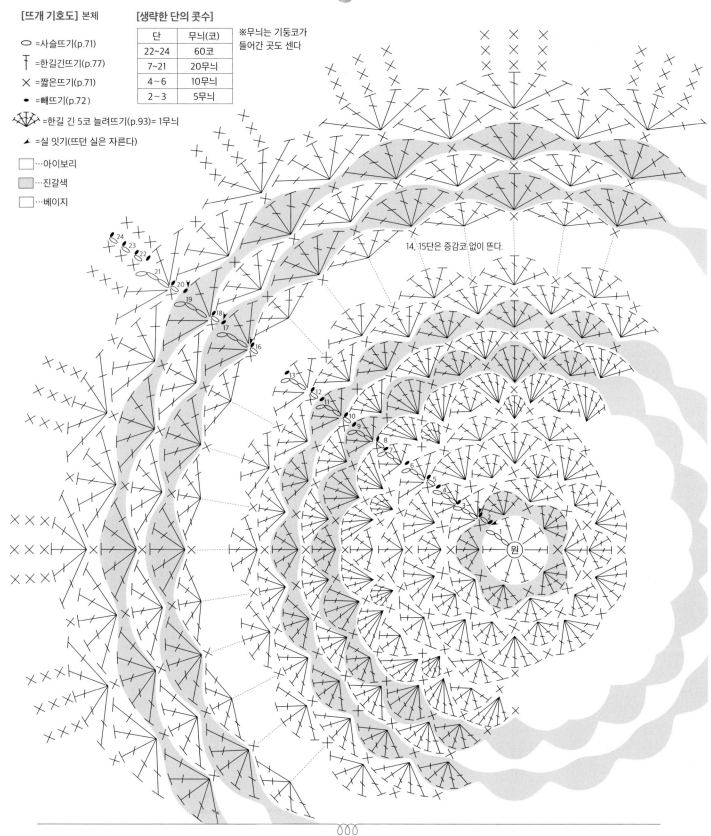

첫단 마지막 코에서 2단 뜨는 색(진갈색)실로 빼내서 색을 바꾸고, 기둥코 사슬 1코와 짧은뜨기 1코를 뜬다.

첫단 한길긴뜨기 코머리에 한길긴뜨기 1코를 뜬다. 중간까지 뜬 모습.

3

한길긴뜨기를 1코 완성한 모습.

같은 위치에 한길긴뜨기 4코를 더 뜬다. '한길 긴 5코 늘려뜨기'를 완성한 모습.

첫단의 첫코 옆 코에 짧은뜨기한다. 이렇게 꽃잎이 1무늬 생긴다.

2~5번을 반복해서 2단을 뜬다. 2단의 마지막 빼뜨기에서 3단 뜨는 색(아이보리)으로 바꾼다.

기둥코 사슬을 3코 뜬다.

기둥이 꽃잎 사이 부분이 짧은뜨기에 한길긴뜨기 2코를 한다.

2단 꽃잎의 중심에 짧은뜨기하고 꽃잎 사이 짧은뜨기에 한길긴뜨기를 5코 한다.

반복해서 1바퀴를 뜬 모습. 단 마지막은 8번에서 바늘을 넣은 코에 한길긴뜨기를 2코 뜨고 사슬뜨기 3번째 코에 빼뜨기한다.

같은 방법으로 5단까지 뜬다. 본체는 그대로 계속해서 뜬다. 귀마개는 여기에서 완성.

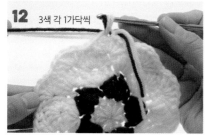

12 3색 각 1가닥씩

귀마개에 3줄 땋기를 단다. 지정한 실을 코바늘로 마지막 단 부채꼴 하나의 중심에 통과시킨다. 3번 반복한다.

13 ← 실 중심

길이를 맞춰서 전체를 6가닥씩 셋으로 나누고 3줄로 땋는다.

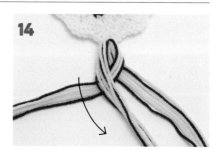

14

6가닥으로 땋는 모습.

15

끝까지 땋은 모습.

16

매듭을 짓는다. 꼬리실을 지정한 길이로 잘라서 정리한다.

목도리 3일

게이지는 신경 쓰지 말고 가벼운 마음으로 도전해 보세요.
기본 뜨개코로 손쉽게 뜰 수 있는 작품이 가득하답니다.

LEVEL
✦

1코 고무뜨기 기본 목도리

대바늘뜨기 초보자에게 추천하는 고무뜨기 기본 목도리예요.
겉뜨기와 안뜨기를 번갈아 가면서 뜨기만 하면 돼요.
게다가 실도 굵어서 단시간에 완성할 수 있답니다.

✕ 대바늘

준비물

실 초극태사 스트레이트 얀
겨자색 150g

바늘 8㎜ 막힘 대바늘, 돗바늘

게이지(10㎝×10㎝)

(1코 고무뜨기) 15.5코×10단

완성 크기

폭 16㎝×길이 130㎝

뜨는 법

1 막힘 대바늘로 기초코(p.98)를 25코 만든다.

2 1코 고무뜨기(p.100)를 한다.

3 덮어씌우기 한 다음 실 정리를 한다.(p.103)

[뜨개 기호도]

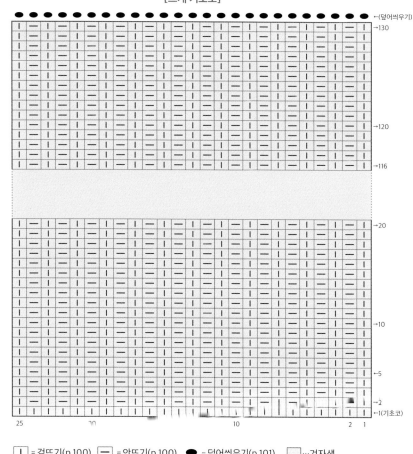

[뜨개 도안]

(덮어씌우기)

1코 고무뜨기
(8㎜ 대바늘)

130 ㎝ = 130 단

16㎝=25코

| = 겉뜨기(p.100)   — = 안뜨기(p.100)   ● = 덮어씌우기(p.101)   ☐ …겨자색

주의! 대바늘뜨기 도안의 뜨개 기호는 겉면에서 봤을 때 뜨는 법을 나타냅니다. 목도리처럼 왕복뜨기하는 작품의 경우 안쪽 면을 보면서 뜨는 짝수단은 겉뜨기 기호는 안뜨기로, 안뜨기 기호는 겉뜨기로 바꿔서 뜹니다.

{ '1코 고무뜨기 기본 목도리' 뜨는 법 설명 }

기본 테크닉을 익히기 위해서 먼저 간단한 고무뜨기 목도리 뜨는 법을 순서대로 살펴보겠습니다.

1 첫 단. 막힘 대바늘로 기초코 25코 만들기

손가락에 걸어 코잡기

1

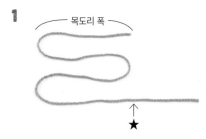

목도리 폭의 4배 정도 길이를 재서 뜨개를 시작한다.

2

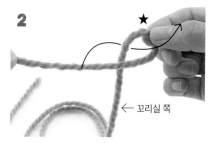

★ 위치에서 1번 꼬아서 고리를 만들고 화살표 방향으로 실타래 쪽 실을 빼낸다.

3

실을 빼낸 모습.

4

오른손으로 바늘을 쥐고 빼낸 고리를 대바늘에 끼운다.

5

왼손으로 실 2가닥을 잡고 손가락을 펴서 고리를 조인다. 이때 꼬리실을 엄지 쪽으로 오게 한다.

6

이것이 1코가 된다. 그대로 왼손을 바깥쪽으로 편다.

7

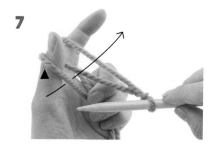

엄지 앞쪽 실(▲)을 화살표 방향으로 바늘을 넣어 떠서 끌어올린다.

8

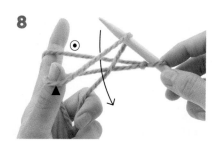

끌어올린 모습. 검지 앞쪽 실(◉)을 위쪽에서 아래쪽으로 바늘을 건 뒤, 엄지에 걸려 있는 실 사이로 화살표 방향처럼 내린다.

9

바늘을 내리고 있는 모습

10

바늘이 실 사이에서 빠져나왔다면 오른쪽 위로 끌어올린다.

11

왼손 엄지에서 실(▲)을 빼낸다.

12

앞쪽 실을 엄지에 걸어 아래쪽으로 당겨서 코를 조인다.

13

2코를 완성한 모습. 6~12 과정을 반복한다.

14

3코를 완성한 모습.

15

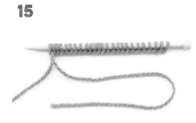

25코, 첫 단을 완성한 모습

16

바늘 방향을 바꾼다. 2단은 안쪽 면을 보면서 뜬다. 짝수단에서는 꼬리실이 오른쪽에 있다.

2 2단. 1코 고무뜨기하기

기본 바늘 쥐는 법

17

실타래쪽 실을 왼손 새끼에 건다.

18

← 꼬리실 쪽

실은 손등을 지나서 검지에 건 다음 바늘을 쥔다.
오른손에도 바늘을 쥔다.

19

실을 왼쪽 바늘 앞에 놓고 화살표처럼 위에서 아
래로 오른쪽 바늘을 넣는다.

20

바늘을 넣은 모습.

21

실을 사진처럼 바늘에 감고 화살표 방향으로 실
을 걸어 코를 통과해 빼낸다.

22

빼낸 모습.

겉뜨기 │

23

왼쪽 바늘에 걸린 코를 빼낸다. 안뜨기 1코 완성.

24

실을 왼쪽 바늘 뒤쪽에 오도록 하고 화살표 방향
으로 아래에서 위로 오른쪽 바늘을 넣는다.

25

바늘을 넣은 모습.

26

사진처럼 바늘에 실을 걸고 화살표 방향으로 코
를 통과해 앞쪽으로 빼낸다.

27

빼낸 모습.

28

왼쪽 바늘에 걸린 코를 빼낸다. 겉뜨기 1코 완성.

29

19~23 과정을 반복해서 안뜨기를 1코 한다.

30

24~28 과정을 반복해서 겉뜨기를 1코 한다. 계속해서 안뜨기와 겉뜨기를 1코씩 번갈아 뜬다. 이것이 1코 고무뜨기이다.

31

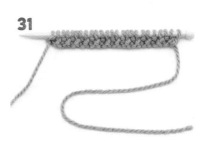

마지막 코까지 떠서 2단을 완성한 모습.

3 3단 ~ 마지막 단, 1코 고무뜨기를 계속 진행

32

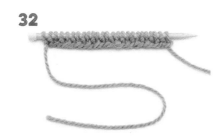

바늘 방향을 바꾼다. 3단은 겉면을 보면서 뜬다. 꼬리실이 왼쪽에 있다.

33

첫 코를 겉뜨기, 둘째 코를 안뜨기한다.

34

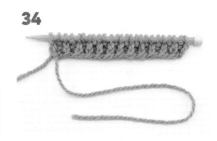

3단을 뜬 모습.

실 바꾸는 방법

35

5단을 뜬 모습.

36

실 1타래를 뜬 모습.

37

새 실과 다 뜬 실의 꼬리실을 오른손으로 잡고, 새 실만 왼손에 건다.

※사진은 알아보기 쉽도록 실제 뜨는 색과 다른 색실로 작업을 했습니다.

38

뜨개 기호대로 새 실로 뜨개를 한다.

39

4코 정도 뜨면 오른손의 실에서 손을 떼도 된다.

40

새 실로 1단 뜬 모습. 1타래로 뜨개가 끝나고 다음 타래로 바꿀 때는 단의 첫 코에서 실을 바꾸는 것이 좋다.

4 뜨개 완성. 덮어씌우기하고 실 정리하기

덮어씌우기

41
처음 2코를 앞단의 뜨개 기호대로 뜬다.

42
왼쪽 바늘을 사용해서 앞코를 뒷코에 덮어씌운다.

43
덮어씌운 모습. 덮어씌우기 1코를 완성했다.

44
세 번째 코를 앞단의 뜨개 기호대로 뜨고 두 번째 코를 덮어씌운다.

45
덮어씌운 모습. 덮어씌우기 2코를 완성했다.

46
끝까지 덮어씌우기를 한 모습.

47
꼬리실을 20㎝ 정도 남기고 자른 다음 바늘을 뺀다. 마지막 남은 1코 사이에 꼬리실을 통과시킨다.

48
실을 당겨서 조인다.

49

목도리를 뒤집어서 꼬리실을 돗바늘에 꿴다.

50

돗바늘을 가장자리 코에 여러 단 통과시킨다.

51

방향을 바꿔서 옆 코에도 통과시킨다.

52

나머지 실은 자른다.

5 스팀다리미로 마무리

53

두 손으로 목도리를 좌우로 잡아당겨서 코를 정리한다. 뜨개코가 균일하지 않아도 이렇게 하면 성돈된다.

54

다리미를 목도리에서 조금 띄우고 스팀만 가볍게 쪼인다.

완성

2코 고무뜨기 목도리

2코 고무뜨기는 걸뜨기 2코와 안뜨기 2코를 반복해서 떠요.
1코 고무뜨기보다 줄기 무늬가 선명해 보이고
편물도 훨씬 부드럽답니다.

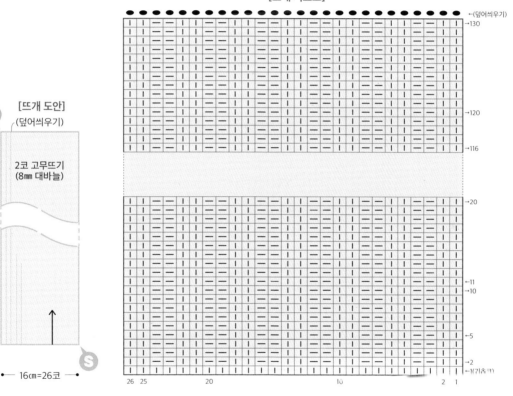

X 대바늘

준비물

실 초극태사 스트레이트 얀
파란색 150g

바늘 8mm 막힘 대바늘, 돗바늘

게이지(10cm×10cm)

(2코 고무뜨기) 16코×10단

완성 크기

폭 16cm×길이 130cm

뜨는 법

1 막힘 대바늘로 기초코(p.98)를 26코 만든다.

2 2코 고무뜨기(p.106)를 한다.

3 덮어씌우기(p.102)한 다음 실 정리를 한다.(p.103)

[뜨개 기호도]

←(덮어씌우기)

[뜨개 도안]

F (덮어씌우기)

2코 고무뜨기
(8mm 대바늘)

130
cm
=
130
단

← 16cm=26코 →

S

☐ I ☐ = 겉뜨기(p.100) ☐ — ☐ = 안뜨기(p.100) ● = 덮어씌우기(p.102)

2코 고무뜨기

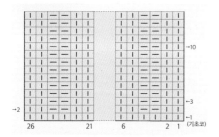

겉뜨기 2코, 안뜨기 2코를 번갈아 뜬다. 홀수단은 뜨개 기호대로 뜨고 짝수단은 뜨개 기호의 겉뜨기·안뜨기를 반대로 뜬다.

1

2단 첫 2코는 안뜨기(p. 100)를 한다. (기호도는 겉뜨기지만 짝수단은 반대로 뜨기)

2

2코 겉뜨기(p. 100)를 뜬다.

3

2코 안뜨기를 한다. 이 과정을 반복한다.

4

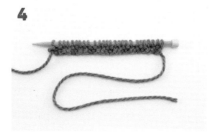

2단을 뜬 모습.

5

아래 단과 같은 뜨개 코가 되도록 확인하면서 뜬다. 5단 뜬 모습.

손뜨개 MEMO

위쪽은 메리야스뜨기. 홀수단(겉면)은 겉뜨기를 짝수단(안쪽 면)은 안뜨기를 뜨면 된다.
아래쪽은 가터뜨기. 겉면도 안쪽 면도 모두 겉뜨기만 뜨면 된다.

가로줄무늬 목도리

뜨는 법은 1코 고무뜨기 목도리와 같지만 중간에 가로줄무늬를 넣어 포인트로 연출합니다.
포인트 컬러가 들어가는 곳은 두 곳뿐이라 초보자도 간단히 따라 할 수 있어요.
폭과 길이도 딱 알맞아서 거추장스럽지 않아 여행할 때나 나들이 갈 때도 편하고,
정장에도 잘 어울리는 만능 패션 아이템입니다.

✕ 대바늘

준비물

실 병태사 스트레이트 얀
　　a 베이지 120g, 빨간색 5g, 남색 5g
　　b 주황색 120g, 회색 5g, 검은색 5g
바늘 8호 막힘 대바늘, 돗바늘

게이지(10㎝×10㎝)

(1코 고무뜨기) 33코×20단

완성 크기

폭 13㎝×길이 184㎝

뜨는 법

1 막힘 대바늘로 기초코(p.98)를 43코 만든다.
2 1코 고무뜨기(p.100)를 도안처럼 색을 바꾸면서(p.109) 뜬다.
3 덮어씌우기(p.102)한 다음 실 정리를 한다.(p.103)

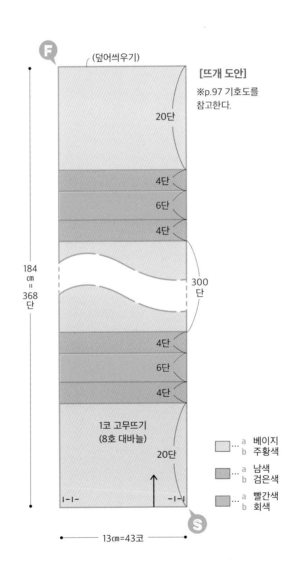

[뜨개 도안]
※p.97 기호도를 참고한다.

	a	베이지
	b	주황색
	a	남색
	b	검은색
	a	빨간색
	b	회색

실을 세로로 걸쳐 가로줄무늬 뜨기

1 단의 시작 부분에서 실을 바꿀 색의 실로 바꾼다. 꼬리실을 20㎝ 남기고 오른손에 실 2가닥을 잡고, 새로운 색의 실로 뜨개를 시작한다.

2 다른 색으로 뜬 모습. 다음에 원래 뜨던 실로 바뀌서 뜬다. 실을 목도리 끝에서 위로 올려 계속 뜨개를 진행한다.

3 원래 뜨던 색으로 뜬 모습. 계속해서 같은 색으로 뜨는 경우, 사진처럼 두 실 한번 교차해 놓는다.

4 원래 뜨던 색으로 여러 단을 뜬 다음 새로운 색으로 실을 바꿔서 뜬 모습. 끝엔 새로운 색 실이 세로로 걸쳐 있다.

감침질　　　※사진은 알아보기 쉽도록 실제 실색과 다른 색실로 작업했습니다.

1 뜨개 시작과 뜨개 끝을 연결한다. 꼬리실을 60㎝ 남기고 잘라서 돗바늘에 꿴다.

2 겉면을 보면서 감칠질한다. 뜨개 시작 쪽 끝 코에 안에서 바깥으로 바늘을 찌른다.

3 뜨개 끝 쪽 둘째 코에 바깥에서 안으로 바늘을 넣고 2의 옆코에서는 안에서 바깥으로 바늘을 찌른다.

4 뜨개 끝과 뜨개 시작이 서로 어긋나지 않도록 실을 당긴다.

5 다음 코로 옮기면서 반복해서 끝까지 감칠질한다. 끝나면 실을 정리한다.

퍼 목도리

스트레이트 얀으로 바탕을 뜨고 양 끝은 퍼 얀으로 떴어요.
2코 고무뜨기를 했지만 실만 독특한 소재로 바꿨더니 목도리가 더욱 우아해 보이네요.
퍼 얀은 조금 가격이 비싸고 풀기도 힘든 실이지만 고급스러운 느낌은 최고입니다.

a

b

✕ 대바늘

준비물

실 초극태사 스트레이트 얀
a 피콕 그린 220g **b** 베이지 220g
퍼 얀 회색 계열 30g

바늘 8mm 막힘 바늘, 돗바늘

게이지(10cm×10cm)

*초극태사 스트레이트얀 기준
(2코 고무뜨기) 19코×10.5단

완성 크기

폭 16cm×길이 170cm

뜨는 법

1 막힘 대바늘로 기초코(p.98)를 30코 만든다.
2 2코 고무뜨기(p.106)를 도안처럼 중간에 실을 바꾸면서 뜬다.
3 덮어씌우기(p.102)한 다음 실정리를 한다.(p.103)

[뜨개 도안] ※p.105 기호도를 참고한다.

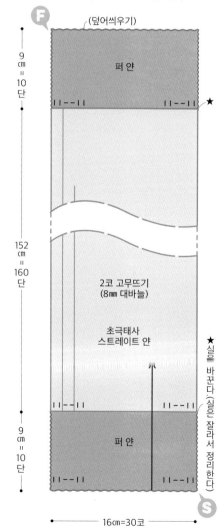

랜덤 가로줄무늬 목도리&스누드

뜨개 기법은 C와 같지만 연달아 색을 바꿔서 좁은 폭과 넓은 폭의 줄무늬를
번갈아 뜨는 목도리로 알록달록 개성이 넘칩니다.
그리고 뜨개 끝과 뜨개 시작을 연결해서 둥글게 만들면 스누드로도 활용 가능해요.
목에 두르는 방법에 따라 느낌이 달라서 연출하는 재미도 있답니다.

a

b

대바늘

준비물

실 병태사 스트레이트 얀
a 베이지 40g, 갈색 40g, 남색 25g,
자주색 25g, 분홍색 15g, 아쿠아블루 15g
b 겨자색 40g, 갈색 40g, 청록색 25g,
보라색 25g, 베이지 15g, 회색 15g

바늘 10호 막힘 대바늘, 돗바늘

게이지(10㎝×10㎝)

(1코 고무뜨기) 32코×18단

완성 크기

폭 16㎝×길이 156㎝

뜨는 법

1 막힘 대바늘로 기초코(p.98)를 51코 만든다.
2 1코 고무뜨기(p.100)를, 실을 세로로 걸쳐서(p.109) 도안처럼 색을 바꾸면서 뜬다.
3 덮어씌우기(p.102)한 다음 실 정리를 한다.(p.103)
4 a는 뜨개 시작과 뜨개 끝(★)을 감침질(p.109)해서 원형으로 만든다.

[뜨개 도안] ※p.97 뜨개 기호도를 참고한다.

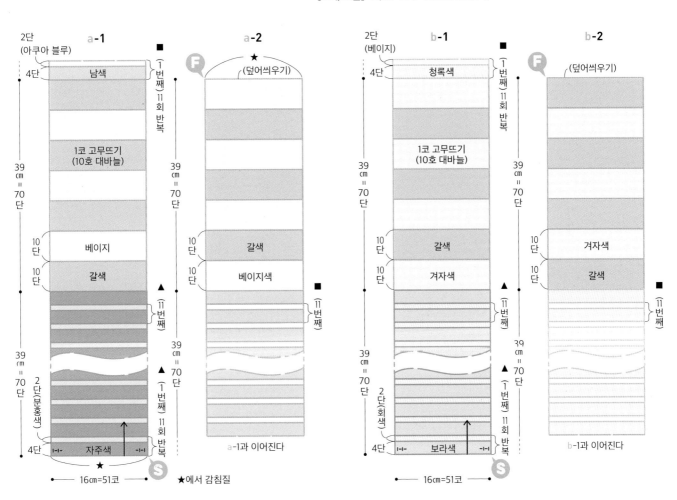

컬리지 스트라이프 목도리

고전미가 느껴지는 세로줄무늬 목도리예요.
단마다 가운데 색을 바꿔가며 뜨는데 실 바꾸는 법의 포인트를 잘 기억해 두면 예쁘게 완성할 수 있어요.
길고 두툼한 디자인이라 코트 위에 둘둘 감아서 볼륨감 있게 연출하기 딱 좋은 작품입니다.

준비물

실 극태사 스트레이트 얀
　　　남색 200g, 베이지색 30g, 초록색 30g, 회색 30g

바늘 12호 막힘 대바늘, 7/0호 코바늘(술용), 돗바늘

게이지(10㎝×10㎝)

(2코 고무뜨기) 22코×15단

완성 크기

폭 19㎝×길이 180㎝(술 길이 제외)

뜨는 법

1 남색 실로 기초코(p.98)를 42코 만든다.

2 2단부터 중간에 색을 바꾸면서(p.116) 2코 고무뜨기를 한다.

3 남색으로 덮어씌우기(p.102)한 다음 실 정리를 한다.(p.103)

4 술을 단다.

[뜨개 기호도]

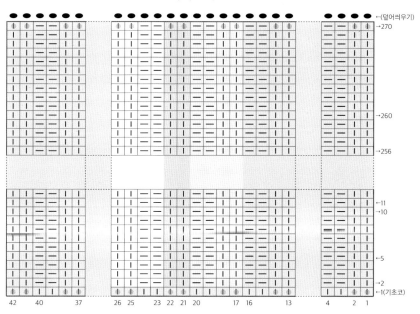

| | = 겉뜨기(p.100)　| — | = 안뜨기(p.100)　● = 덮어씌우기(p.102)　○ = 술 다는 위치

□…남색　□…회색　□…베이지색　□…초록색

[뜨개 도안]

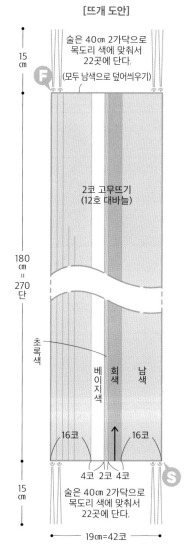

술은 40㎝ 2가닥으로
목도리 색에 맞춰서
22곳에 단다.

(모두 남색으로 덮어씌우기)

2코 고무뜨기
(12호 대바늘)

초록색

베이지색　회색　남색

16코　　16코

4코 2코 4코

술은 40㎝ 2가닥으로
목도리 색에 맞춰서
22곳에 단다.

15㎝

180㎝ = 270단

15㎝

19㎝=42코

※사진은 알아보기 쉽도록 일부 실제 뜨는 실과 다른 색실(초록색은 주황색)로 작업했습니다.

1

2단. 색을 바꾸는 위치(남색에서 베이지색으로)까지 뜨개를 진행한다. 베이지색 실을 왼손에 걸고, 꼬리실을 오른손으로 잡아서 베이지색으로 뜨개를 진행한다.

2

다음에 실을 바꾸는 위치(베이지색에서 주황색)까지 뜨개를 진행하면 1과 같은 방법으로 색을 바꾼다. 같은 방법으로 주황색을 회색으로 바꾼다.

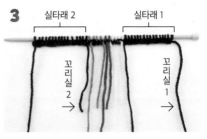

3

실타래 2 　　　　 실타래 1

꼬리실 2 → 　　　 꼬리실 1 →

다음에 색을 바꾸는 위치에서는 새로운 남색 실타래를 준비해 실을 잇는다. 2단을 뜬 모습.

4

3단. 색을 바꾸는 위치(남색에서 회색으로)에서 실을 사진처럼 교차한 다음에 뜨개를 진행한다.

5

다음 색을 바꾸는 위치(회색에서 주황색으로)에서도 4와 같은 방법으로 실을 교차시킨다.

6

3단까지 완성한 모습.

7

모든 단의 색 바꾸는 위치에서는 4, 5번처럼 다음에 뜨는 실과 교차하면서 뜨개를 진행한다.

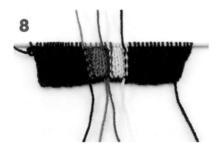

8

안쪽 면에서 본 모습. 각각 꼬리실은 뜨개가 끝난 후에 같은 색 뜨개 바탕에 통과시켜서 정리한다.

※사진은 알아보기 쉽도록 실제 실색과 다른 색실로 작업했습니다.

1

(안쪽 면)

지정한 길이의 실을 술용으로 준비한다.

2

목도리 안쪽 면을 보고 가장자리 코에 코바늘을 넣어서 반으로 접은 실을 걸어서 빼낸다.

3

빼낸 다음 술을 모아서 한꺼번에 코바늘에 걸고, 실 끝까지 빼낸다.

4

당겨서 조인다. 지정한 위치에 모든 술을 달면 길이를 잘라서 정리한다.

지그재그 뜨는 스누드

생동감이 있는 디자인이 눈에 띄는 스누드예요.
늘림코와 덮어쐬우기를 반복해서 양쪽 가장자리를 계단처럼 만들어요.
가장자리 코 늘리는 방법을 익히면 정말 재미있어서 뜨개질하는 손을 멈출 수가 없답니다.
메리야스뜨기, 안메리야뜨기뿐이지만 목에 두르면 스누드의 멋스러움이 더욱 두드러집니다.

118

✕ 대바늘

준비물

실 병태사 스트레이트 얀 파란색 130g
바늘 6호 막힘 대바늘, 돗바늘

게이지(10cm×10cm)

(무늬뜨기) 22코×32단

완성 크기

도안 참고

뜨는 법

1 막힘 대바늘로 기초코(p.98)를 120코 만든다.
2 10단마다 오른쪽에선 덮어씌우기해서 코를 줄이고, 왼쪽에선 감아 코 늘리기로 코를 늘리면서 무늬뜨기를 한다.
3 마지막 단을 뜨면 덮어씌우기(p.102)한 다음 실 정리를 한다.(p.103)

[뜨개 도안]

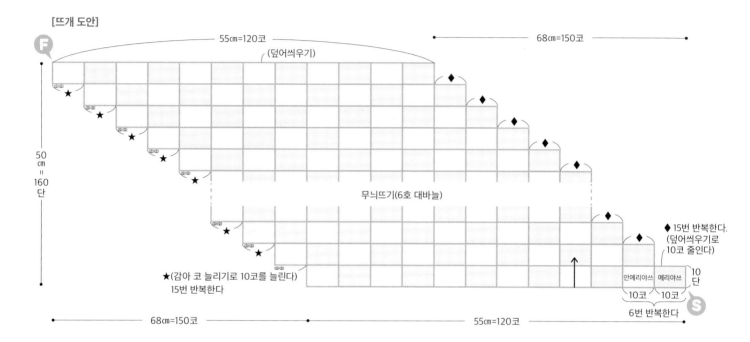

[뜨개 기호도]

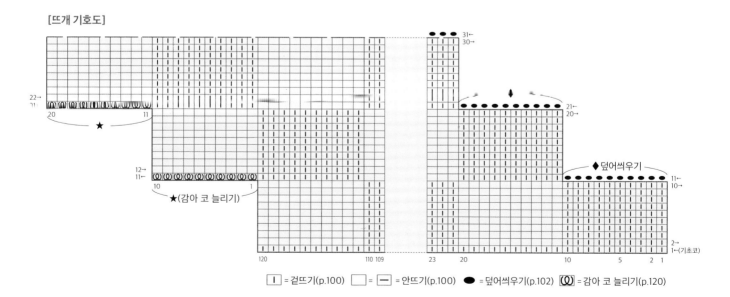

| I | = 겉뜨기(p.100)　　□ = 　⊟ = 안뜨기(p.100)　　● = 덮어씌우기(p.102)　　⦿ = 감아 코 늘리기(p.120) |

1

늘림코하기 전까지 뜬 모습. 실을 왼손에 잡고, 오른손의 바늘에 화살표처럼 실을 건다.

2

실을 건 모습.

3

건 실을 당긴다.

4

실을 당겨서, 코를 오른쪽으로 민다. 1코 감아 코 늘리기를 완성했다.

5

같은 방법을 반복해서 지정한 콧수만큼 코를 만든다.

바늘 방향을 바꿔서 바늘을 왼손으로 바꿔 잡고, 끝 코부터 다음 단을 뜬다.

유행을 타지 않는 꽈배기무늬 목도리

뜨개질하면 떠오르는 이미지는 바로 꽈배기무늬가 아닐까요?
교차뜨기하는 법은 생각보다 간단합니다.
'꽈배기바늘'이라는 작은 바늘을 사용하면 더욱 손쉽게 할 수 있어요.
일정한 간격으로 교차뜨기하기 때문에 단수를 세기도 아주 쉽답니다.
무늬가 입체적이라 코 모양이 일정하지 않아도 눈에 띄지 않아서 초급자에게 안성맞춤이에요.

✕ 대바늘

준비물

실 극태사 스트레이트 얀 초록색 120g
바늘 12호 막힘 대바늘, 꽈배기바늘, 돗바늘

게이지(10cm×10cm)

(2코 고무뜨기, 꽈배기무늬) 20코×14단

완성 크기

폭 17cm×길이 127cm

뜨는 법

1 막힘 대바늘로 기초코(p.98)를 34코 만든다.

2 2코 고무뜨기와 꽈배기무늬 뜨기를 도안대로 한다.

3 덮어씌우기(p.102)한 다음 실 정리를 한다.(p.103)

[뜨개 기호도]

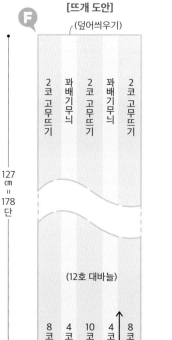

[뜨개 도안]

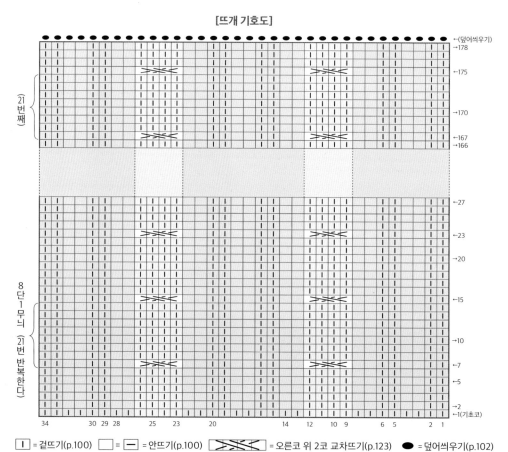

| | = 겉뜨기(p.100) | | = ─ = 안뜨기(p.100) | ✕✕✕ = 오른코 위 2코 교차뜨기(p.123) | ● = 덮어씌우기(p.102)

1

옮기는 2코

교차뜨기 기호 전까지 뜨개를 진행한다. 다음 2
코는 뜨지 않고 꽈배기바늘에 옮긴다.

2

떠야 할 2코

옮긴 모습. 꽈배기바늘은 편물의 앞쪽에 놓고 왼
쪽 바늘에 걸린 2코를 겉뜨기한다.

3

2코를 뜬 모습.

4

왼손으로 꽈배기바늘을 잡고 옮겨 놓은 2코를 겉
뜨기한다.

5

교차뜨기를 완성한 모습. 꽈배기 부분이 오밀조
밀 몰려 있다.

6

교차뜨기 단을 끝까지 뜬 모습. 여기에서는 아직
꽈배기무늬가 뚜렷하게 드러나지 않는다.

7

계속해서 3단을 뜬 모습. 여러 단을 뜨면 꽈배기
무늬가 드러난다.

세 줄
꽈배기무늬
목도리

꽈배기무늬를 응용한 무늬예요.
조금 어려워 보이지만 교차뜨기 위치와
횟수만 바꿨답니다. 같은 기법이라서
교차뜨기 위치만 틀리지 않으면 문제없어요.
굵은 실을 사용해서 자연스러운 느낌으로
어떤 외투에도 잘 어울릴 거예요.

준비물

실 병태사 스트레이트 얀
그레이베이지 200g

바늘 10호 막힘 대바늘,
꽈배기바늘, 돗바늘,
7/0호 코바늘(술 달기용)

게이지(10cm×10cm)

(무늬뜨기) 26코×21단

완성 크기

폭 17cm×길이 114cm(술 길이 제외)

뜨는 법

1 막힘 대바늘로 기초코(p.98)를 44코 만든다.

2 무늬뜨기를 도안대로 한다.

3 덮어씌우기(p.102)한 다음 실 정리를 한다.(p.103)

4 술을 단다.(p.117)

[뜨개 도안]

[뜨개 기호도]

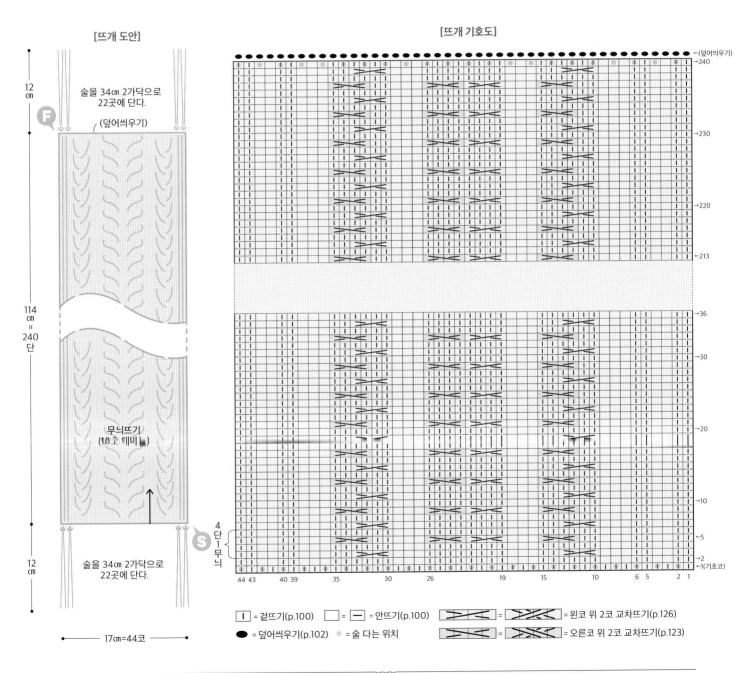

12
cm

술을 34cm 2가닥으로
22곳에 단다.
(덮어씌우기)

114
cm
=
240
단

무늬뜨기
(10코 네비늬)

술을 34cm 2가닥으로
22곳에 단다.

12
cm

17cm=44코

4
단
1
무
늬

= 겉뜨기(p.100)   = = = 안뜨기(p.100)   = = 왼코 위 2코 교차뜨기(p.126)

● = 덮어씌우기(p.102)   ● = 술 다는 위치   = = 오른코 위 2코 교차뜨기(p.123)

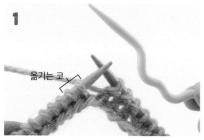

1

옮기는 코

교차뜨기 기호 전까지 뜨개를 진행한다. 다음 2 코를 뜨지 않고 꽈배기바늘에 옮긴다.

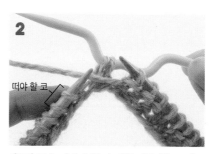

2

떠야 할 코

이동한 모습. 꽈배기바늘은 편물 뒤쪽에 놓고 왼쪽 바늘에 걸린 코를 앞쪽에서 겉뜨기로 2코 뜬다.

3

2코를 뜬 모습.

4

왼손은 꽈배기바늘로 바꿔 잡고 옮겨 놓은 2코를 겉뜨기한다.

5

교차뜨기한 모습. 꽈배기 무늬 부분이 오밀조밀 몰려 있다.

6

계속해서 뜬 모습. 여러 단 뜨개를 진행하면 꽈배기무늬가 모습을 드러낸다.

손뜨개 MEMO

뜨개 기호도의 정가운데 교차무늬처럼 같은 방향으로 교차뜨기를 반복하면 꽈배기무늬가 되고, 양옆 쪽 무늬처럼 교차무늬의 방향을 왼코 위, 오른코 위를 번갈아서 단을 어긋나게 반복하면 세 줄 꽈배기무늬가 됩니다.

꽈배기무늬(왼쪽)와 세 줄 꽈배기무늬(오른쪽)

투톤컬러 스누드

목도리처럼 직사각형으로 뜬 다음 양쪽 가장자리를 연결해서 스누드를 만들었어요.
교차뜨기를 연속으로 해서 목도리 전체의 꽈배기무늬가 멋스럽습니다.
조금 작게 만들어서 따뜻할 뿐만 아니라 어떤 상의와도 코디하기 쉽습니다.
한쪽에만 줄무늬를 넣어서 두를 때 줄무늬 위치에 따라서 느낌이 달라진답니다.

✕ 대바늘

준비물

실 병태사 스트레이트 얀
　　 a 밝은 회색 100g, 빨간색 20g
　　 b 블루그레이 100g, 차콜그레이 20g
바늘 10호 막힘 대바늘, 꽈배기바늘, 돗바늘

게이지(10cm×10cm)

(무늬뜨기, 가터뜨기) 20코×22단

완성 크기

폭 27cm×길이 69cm(원)

뜨는 법

1 (a 밝은 회색, b 블루 그레이) 막힘 대바늘로 기초코(p.98)를 54코 만든다.
2 2단부터 도안대로 색을 바꾸면서(p.116), 무늬뜨기와 가터뜨기를 한다.
　 교차뜨기가 많으므로 조금 느슨하게 뜨는 것이 좋다.
3 덮어씌우기(p.102)한 다음 실 정리를 한다.(p.103)
4 뜨개 시작과 뜨개 끝을 감침질(p.109)로 연결해서 원형으로 만든다.

[뜨개 도안]

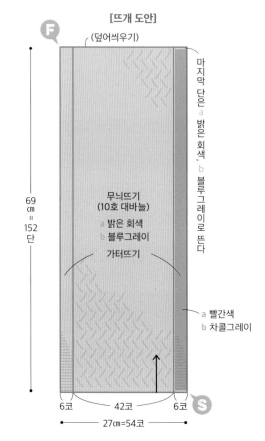

(덮어씌우기)

마지막 단은 a 밝은 회색, b 블루그레이로 뜬다

무늬뜨기
(10호 대바늘)
a 밝은 회색
b 블루그레이
가터뜨기

a 빨간색
b 차콜그레이

69cm = 152단

6코　42코　6코
27cm=54코

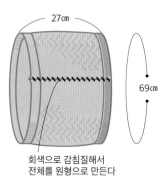

27cm

69cm

회색으로 감침질해서
전체를 원형으로 만든다

[뜨개 기호도]

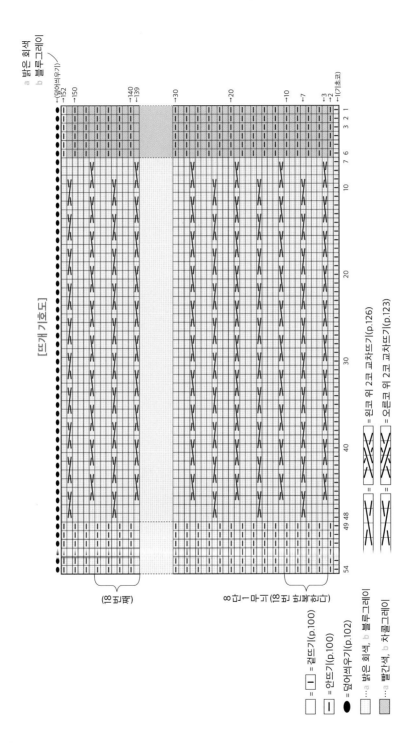

a 밝은 회색
b 블루그레이

→(덮어씌우기)
→152
→150
→140
→139
→30
→20
→10
→7
→3
→2
→1(기초코)

= 원코 위 2코 교차뜨기(p.126)
= 오른코 위 2코 교차뜨기(p.123)

(18회)

8단—마다(18회 반복한다)

□ = □ = 겉뜨기(p.100)

— = 안뜨기(p.100)

● = 덮어씌우기(p.102)

= a 밝은 회색, b 블루그레이

= a 빨간색, b 차콜그레이

아란무늬 목도리

아란은 아일랜드 전통 무늬입니다.
교차뜨기를 조합해서 입체적인 무늬를 만들어요.
뜨개질할 때 조금 시간이 걸리지만 완성했을 때
만족감은 두말할 필요 없겠지요?
감촉이 좋은 가는 실을 사용하고 양쪽 끝에
남색으로 포인트를 더했습니다.

X 대바늘

준비물

실   병태사 스트레이트 얀
        베이지 160g, 남색 5g
바늘 8호 막힘 대바늘,
        꽈배기바늘, 돗바늘

게이지(10㎝×10㎝)

(무늬뜨기) 28코×23단

완성 크기

폭 20㎝×길이 159㎝

뜨는 법

1 막힘 대바늘로 기초코(p.98)를 56코 만든다.
2 시작과 끝에서 도안처럼 색을 바꾸면서 무늬뜨기를 한다.
3 덮어씌우기(p.102)한 다음 실 정리를 한다.(p.103)

[뜨개 도안]

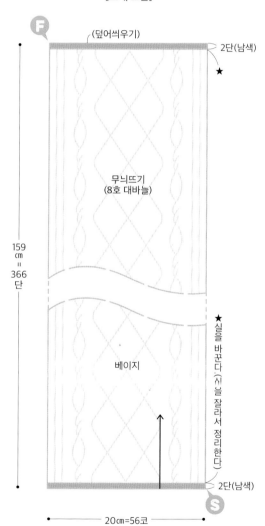

F
(덮어씌우기)
2단(남색)
★

무늬뜨기
(8호 대바늘)

159
㎝
=
366
단

★
실을 바꾼다.(실을 잘라서 정리한다)

베이지

2단(남색)
S

20㎝=56코

[뜨개 기호도]

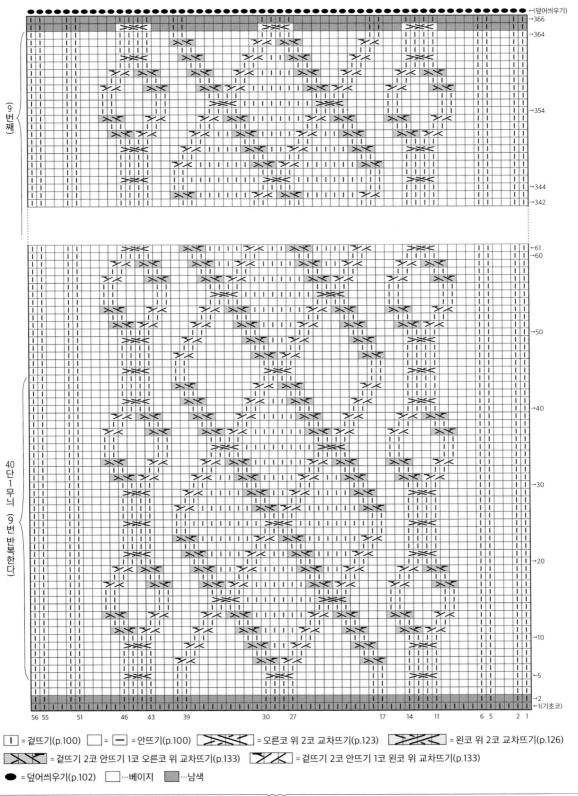

= 겉뜨기(p.100)   = 안뜨기(p.100)   = 오른코 위 2코 교차뜨기(p.123)   = 왼코 위 2코 교차뜨기(p.126)

= 겉뜨기 2코 안뜨기 1코 오른코 위 교차뜨기(p.133)   = 겉뜨기 2코 안뜨기 1코 왼코 위 교차뜨기(p.133)

● = 덮어씌우기(p.102)   □…베이지   ▨…남색

겉뜨기 2코 안뜨기 1코 오른코 위 교차뜨기 ⟋⟍

1

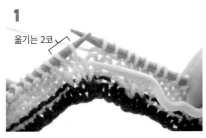

옮기는 2코

교차뜨기 기호 전까지 뜨개를 진행한다. 다음 2
코는 뜨지 않고 꽈배기바늘 바늘로 옮긴다.

2

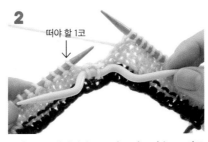

떠야 할 1코

옮긴 모습. 꽈배기바늘은 편물 앞쪽에 놓고, 왼쪽
바늘에 걸린 1코를 안뜨기한다.

3

뜬 모습.

4

왼손은 꽈배기바늘로 바꿔 잡고, 옮겨 놓은 2코
를 겉뜨기한다.

5

교차뜨기를 완성한 모습. 교차뜨기한 부분은 오
밀조밀 몰려 있다.

6

교차뜨기 부분

계속해서 뜬 모습. 여러 단 뜨개를 진행하면 꽈배
기무늬가 도드라져 보인다.

겉뜨기 2코 안뜨기 1코 왼코 위 교차뜨기 ⟋⟍

1

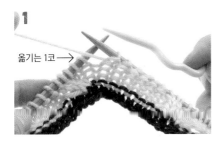

옮기는 1코→

교차뜨기 기호 전까지 뜨개를 진행한다. 다음 1
코는 뜨지 않고 꽈배기바늘로 옮긴다.

2

떠야 할 2코

옮긴 모습. 꽈배기바늘은 편물 뒤쪽에 놓고 왼쪽
바늘에 걸린 2코를 겉뜨기한다.

3

뜬 모습.

4

왼손은 꽈배기바늘로 바꿔 잡고 옮겨 놓은 1코를
안뜨기한다.

5

교차뜨기한 모습. 꽈배기 무늬 부분은 오밀조밀
몰려 있다.

6

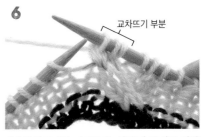

교차뜨기 부분

계속해서 뜨개를 진행한다. 여러 단 뜨개를 진행
하면 꽈배기무늬가 도드라져 보인다.

a

b

배색뜨기 목도리

일부분만 배색무늬를 넣어서 만들기 때문에 배색무늬에
처음 도전하시는 분에게 딱 맞는 목도리예요.
이 목도리에서는 에스닉한 무늬를 넣었지만
일러스트 느낌의 그림으로 바꾸는 것도 쉽답니다.
안쪽 면에서 실을 가로로 걸치는 배색뜨기를 하기 때문에
실이 너무 팽팽해지거나 늘어지지 않도록 주의하세요.

[뜨개 도안] a

준비물

실 병태사 스트레이트 얀
a 차콜그레이 160g, 청록색 10g, 빨간색 5g
b 겨자색 150g, 카키색 30g
바늘 8호 막힘 대바늘, 돗바늘

게이지(10cm×10cm)

(2코 고무뜨기, 메리야스뜨기)
25코×22단

완성 크기

폭 18cm×길이 144cm

뜨는 법

1 막힘 대바늘로 기초코(p.98)를 46코 만든다.
2 도안대로 일부분에 배색뜨기(p.137)를 하면서 2코 고무뜨기와
메리야쓰뜨기를 한다.
3 덮어씌우기(p.102)한 다음 실 정리를 한다.(p.103)

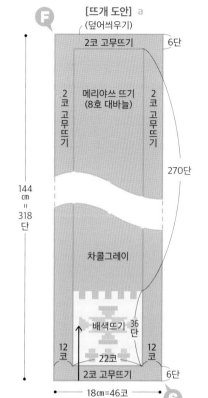

[뜨개 기호도] a

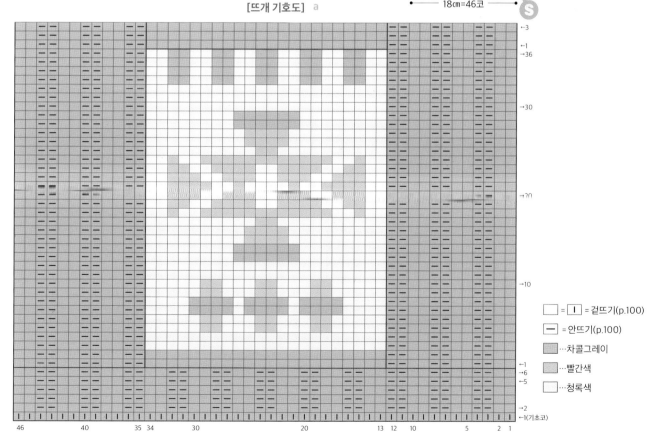

= $\boxed{I}$ = 겉뜨기(p.100)

= $\boxed{-}$ = 안뜨기(p.100)

...차콜그레이

...빨간색

...청록색

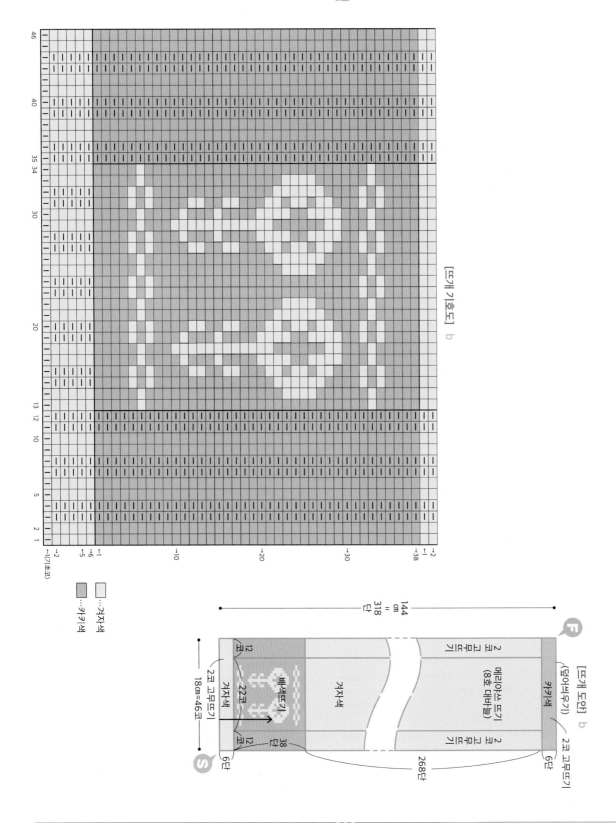

1

무늬뜨기를 시작하기 전까지 바탕색 실(카키색)로 뜨개를 진행한다. 배색실(겨자색)의 꼬리실을 오른손으로 잡고, 왼손에 실을 건다.

2

배색실로 뜬다.

3

바탕색 실을 배색실 위에 걸치고 왼손에 건다.

4

바탕색 실로 뜬다. 안쪽 면에서 팽팽해지지도 늘어지지도 않도록 적당한 장력으로 실을 걸친다.

5

같은 요령으로 안쪽 면을 보고 실을 걸치면서 1단을 뜬 모습.

6

안쪽 면의 모습. 배색뜨기한 곳은 안쪽 면에 실이 걸쳐 있다.

7

다음 단을 뜬다. 실을 바꾸기 전까지 바탕실로 뜬다.

8

실을 바꾸는 곳에서 한 번 실을 교차시킨 다음에 뜨개를 진행한다.

9

배색실로 뜬 모습.

10

실을 바꿔서 안쪽 면에서 실을 걸치면서 뜬다.

11

여러 단 배색뜨기한 모습.

12

배색무늬 부분의 뜨개가 끝난 모습. 안쪽 면의 모습이다.

M

LEVEL
❀❀

이니셜 목도리

글자를 배색뜨기로 넣어서 학생 느낌이 나는 목도리예요.
메리야쓰뜨기 바탕에 알파벳이나 숫자를 배색무늬로 넣어 보세요.
사이사이에 가터무늬를 뜨면 가장자리가 돌돌 말리지 않고 평평해진답니다.
스포티한 옷에도 단정한 스타일의 옷에도 잘 어울려서 활용도가 상당 높아요.

준비물

실   병태사 스트레이트 얀
진한 남색 160g, 하얀색 10g

바늘 8호 막힘 대바늘, 돗바늘

게이지(10cm×10cm)

(가터뜨기와 메리야쓰뜨기)
20코×23.5단

완성 크기

폭 20cm×길이 137cm

뜨는 법

1 막힘 대바늘로 기초코(p.98)를 40코 만든다.

2 메리야쓰뜨기와 가터뜨기를 한다. 중간에 안쪽 면에 실을 걸치며 배색뜨기(p.137)로 글자를 뜬다.

3 덮어씌우기(p.102)한 다음 실 정리를 한다.(p.103)

[뜨개 도안]

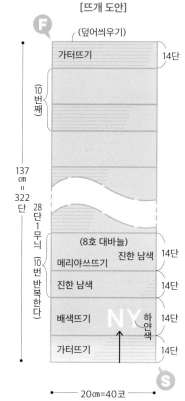

[뜨개 기호도]

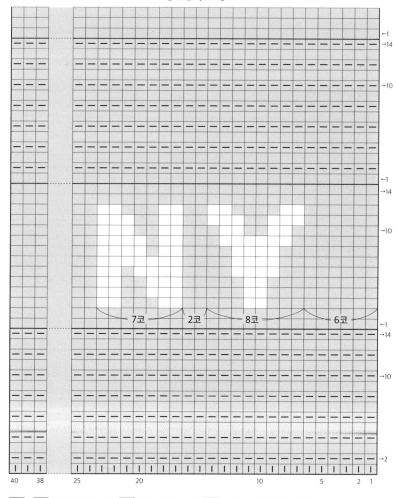

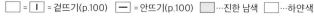

□ = I = 겉뜨기(p.100)   ─ = 안뜨기(p.100)   ▨…진한 남색   □…하얀색

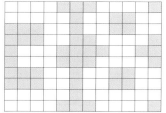

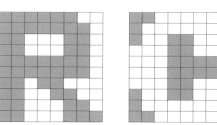

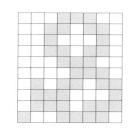

▨…빨간색

139

한길긴뜨기 모노톤 목도리

코바늘뜨기 입문할 때 안성맞춤인 작품입니다. 사슬뜨기와 한길긴뜨기로만 뜨는 심플한 목도리예요.
모눈뜨기로 보기 좋게 뒤가 비치는 이 작품은 콧수도 적어서 빨리 완성할 수 있어요.

~ 코바늘

준비물

실 병태사 스트레이트 얀
차콜그레이 40g, 회색 40g, 베이지 40g

바늘 8/0호 코바늘, 돗바늘

게이지(10cm×10cm)

(무늬뜨기)15코×6단

완성 크기

폭 15cm×길이 140cm

뜨는 법

1 사슬뜨기로 기초코를 23코 잡는다.(p.142)

2 한길긴뜨기와 사슬뜨기로 중간에 색을 바꾸면서(p.145)
도안대로 뜨개를 진행한다.

3 실 정리를 한다.(p.145)

[뜨개 도안]

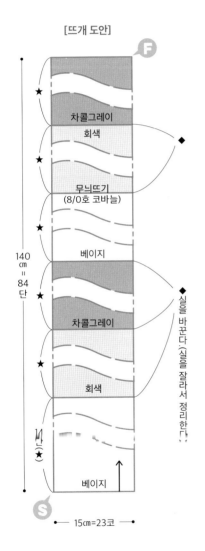

[뜨개 기호도]

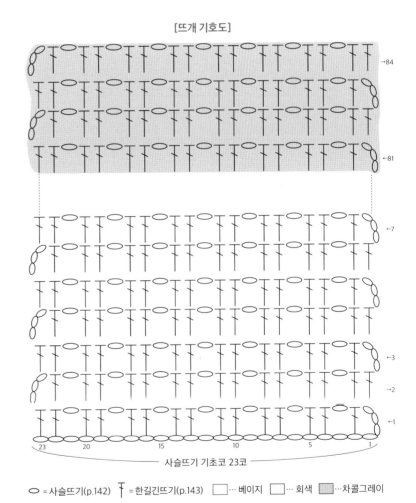

◯ = 사슬뜨기(p.142) ┬ =한길긴뜨기(p.143) ☐…베이지 ☐…회색 ▨…차콜그레이

{ '한길긴뜨기 모노톤 목도리' 뜨는 법 설명 }

이 목도리를 뜨면서 사슬뜨기부터 실 정리하는 법까지 코바늘뜨기에 필요한 기본 기술을 모두 마스터할 수 있습니다.

1 사슬뜨기 23코, 기초코 만들기

※사진에서는 알아보기 쉽도록 실제로 뜨는 실과 다른 색실로 작업했습니다.

사슬뜨기 기초코 ⬭ 실을 어느 정도 잡아당기는지에 따라 코의 크기가 정해지므로 모양이 일정해지도록 신경쓰면서 만듭니다.

1

← 꼬리실 쪽
꼬리실을 20㎝ 정도 남기고, 1번 꼬아서 고리를 만든 다음, 고리 사이로 실타래쪽 실을 빼낸다.

2

실을 빼낸 모습.

3

꼬리실 쪽 →
빼낸 고리를 코바늘에 끼우고 코를 조인다.

4

← 실타래 쪽
실타래 쪽 실을 왼손 새끼로 가볍게 잡는다.

5

← 꼬리실 쪽
손등에 실을 걸쳐 늘어뜨리고 검지에 건다.

6

꼬리실을 중지와 엄지로 잡는다. 이것이 기본 실 잡는 법이다.

7
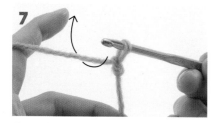
바늘을 화살표처럼 움직여서 실을 건다.

8
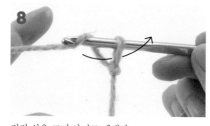
걸린 실을 고리 사이로 빼낸다.

9

빼낸 모습. 사슬뜨기 1코를 완성했다.

10

다음 코도 같은 방법으로 실을 걸어서 빼낸다.

11

이 과정을 지정한 콧수만큼 반복한다.

12

23코를 완성한 모습.

2 첫 단. 한길긴뜨기와 사슬뜨기를 한다

한길긴뜨기 하나, 둘, 셋 리듬감 있게 3번 빼낸다.

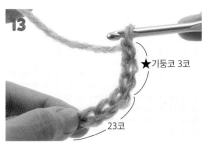

13

★기둥코 3코

23코

다음으로 뜨는 코의 높이만큼 사슬뜨기를 한다. 이것을 '기둥코'라고 부른다. 한길긴뜨기 기둥코 사슬은 3코다.

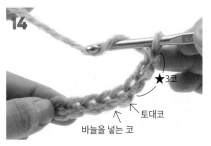

14

★3코

토대코

바늘을 넣는 코

바늘에 실을 걸어서 끝에서 5번째 코에 바늘을 넣는다.

15

바늘을 넣은 모습.

16 하나

실을 다시 한번 바늘에 걸어서 사슬뜨기 사이로 빼낸다.

17

빼낸 모습.

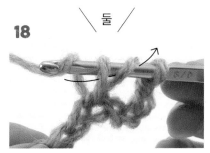

18 둘

같은 높이가 되도록 실을 당긴다. 다시 한번 바늘에 실을 걸어서 고리 2개를 빼낸다.

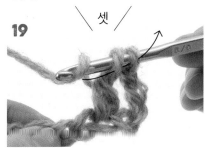

19 셋

한 번 더 바늘에 실을 걸어서 바늘에 걸린 고리 2개를 빼낸다.

20

한길긴뜨기 1코를 완성한 모습. 한길긴뜨기 기둥코는 1코로 센다.

21

바늘에 실을 걸어서 사슬뜨기를 한다.

22

사슬뜨기 1코를 한 모습.

23

바늘에 실을 걸고, 1코를 건너뛰고 다음 코에 바늘을 넣어서 한길긴뜨기를 한다.

24

코에 바늘을 넣은 모습.

25

한길긴뜨기 완료.

26

계속해서 도안대로 첫 단을 뜬다.

27

끝까지 뜨개를 진행한 모습.

3 2단 이후는 반복해서 뜬다

28

첫 단 뜨기가 끝나면 다음 단의 기둥코 사슬을 3 코 뜬다.

29

편물의 방향을 바꿔서 2단을 뜬다.

30

화살표처럼 한길긴뜨기 코머리에 바늘을 넣어서 두 번째 코를 뜬다.

31

계속해서 기호도대로 뜨개를 진행한다.

32

아랫단 기둥코의 세 번째 코에 바늘을 넣고 단의 마지막인 한길긴뜨기를 한다.

33

뜬 모습.

34

2단을 완성한 모습. 같은 요령으로 계속해서 뜨개를 진행한다.

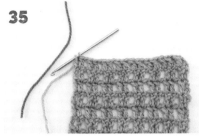

35

실을 바꿀 때는 단 끝에서. 아랫단 한길긴뜨기에서 마지막 빼뜨기하기 전(p.143-18번까지 진행)까지 뜬다.

36

왼손으로 새 실을 잡는다.

37

실을 바늘에 걸어서 바늘에 걸린 고리를 모두 빼낸다.

38

계속해서 다음 단의 기둥코 사슬 3코를 뜬다.

39

사슬뜨기 3코를 만든 모습. 꼬리실은 놓아도 된다.

40

편물의 방향을 바꿔서 다음 단을 뜬다.

41

한길긴뜨기를 든 모습.

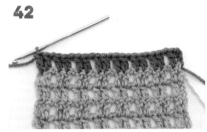

42

1단을 완성한 모습.

4 뜨개 끝과 중간 실 정리하는 법

43 뜨개 끝. 꼬리실을 30㎝ 남기고 잘라서, 마지막 코에 실을 통과시킨다.

44 실을 당겨서 코를 조인 다음에 꼬리실을 돗바늘에 꿰서 코에 통과시킨다.

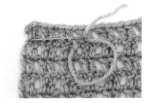

45 방향을 바꿔서 빠지지 않도록 편물에 실을 통과시키고 남은 실을 자른다.

중간에 있는 꼬리실도 같은 색 편물에 통과시켜서 정리하면 작품 완성.

LEVEL
✿

모헤어 3색 목도리

N과 같은 뜨개 기법이지만 크기와 실 종류를 바꿔서 알록달록하게 바꿔봤어요.
모헤어 얀은 잔털이 길어서 폭신폭신하기 때문에 가볍고 따뜻한 점이 큰 장점이에요.
실을 너무 팽팽하게 당기지 않도록 조금 굵은 코바늘을 사용하면 부드럽고 포근한 작품을 완성할 수 있어요.

코바늘

준비물

실 병태사 스트레이트 얀
  a 베이지 15g, 파란색 15g, 빨간색 15g
  b 밝은 회색 30g, 분홍색 30g, 남색 30g
바늘 8/0호 코바늘, 돗바늘

게이지(10cm×10cm)

(무늬뜨기) 17.5코×6단

완성 크기

a 폭 13cm×길이 140cm
b 폭 34cm×길이 140cm

뜨는 법

1 사슬뜨기를 a는 23코, b는 59코 만든다.(p.142)
2 무늬뜨기를 중간에 실을 바꾸면서(p.145) 한다.
3 실 정리를 한다.(p.145)

[뜨개 도안] a
※p.141 기호도를 참고한다.

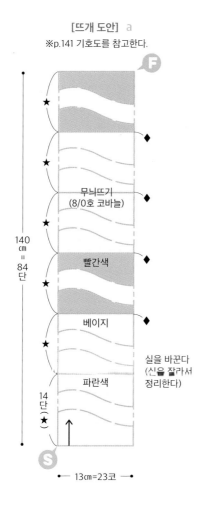

[뜨개 도안] b
※p.141 기호도를 참고한다.

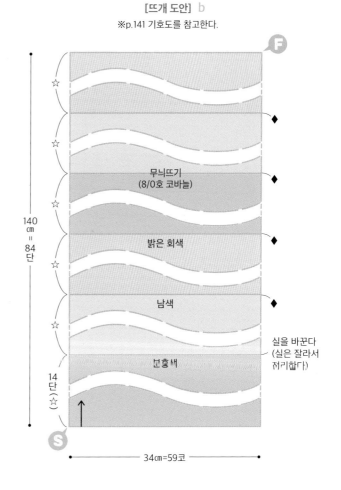

147

술 달린 줄무늬 목도리

한길긴뜨기와 사슬뜨기 기법만으로 술 달린 줄무늬 목도리를 뜰 수 있어요.
중간에 줄무늬가 들어가서 포인트가 되며, 기법이 복잡하지 않아 빨리 뜰 수도 있어요.

🔗 코바늘

준비물

실   병태사 스트레이트 얀
진분홍색 120g, 아이보리 20g
바늘 8/0호 코바늘, 돗바늘

게이지(10㎝×10㎝)

(무늬뜨기) 15.5코×6단

완성 크기

폭 15㎝×길이 138㎝(술 길이 제외)

뜨는 법

1 사슬뜨기로 23코 만든다.(p.142)
2 한길긴뜨기와 사슬뜨기를 중간에 색을 바꾸면서(p.145) 도안처럼 뜨개를 진행한다.
3 실 정리를 한다.(p.145)
4 술을 단다.(p.117)

[뜨개 도안]

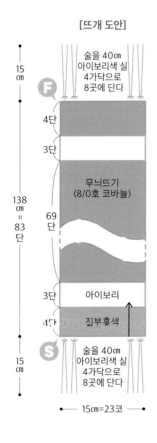

[뜨개 기호도]

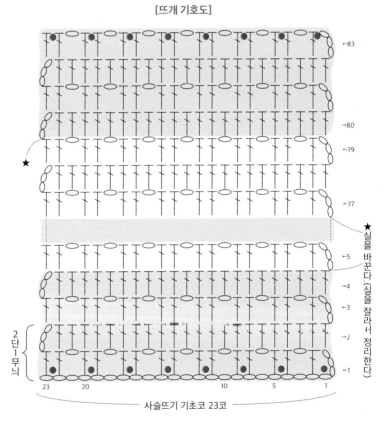

○ =사슬뜨기(p.142)   T =한길긴뜨기(p.143)   ● =술 다는 위치

〇〇〇

149

비침무늬 넥워머

목도리와 같은 방법으로 직사각형으로 떠서
원으로 연결하면 넥워머가 돼요.
3가지 색으로 가로줄무늬를 만드는데
각 색으로 1단씩만 뜨면 끝에서 실을 자르지 않고
계속해서 뜰 수 있으니 쉬어 보이지 않나요?
실을 걸친 양 끝쪽을 테두리뜨기로 감춰서
초보자도 멋있게 완성할 수 있는 세련된 디자인이에요.

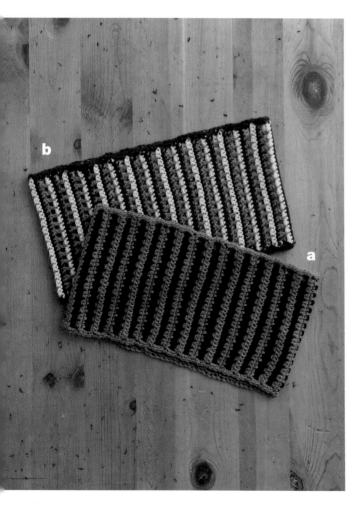

150

~ 코바늘

준비물

실 병태사 스트레이트 얀
   a 남색 35g, 청록색 30g, 갈색 20g
   b 갈색 35g, 다크 브라운 30g, 베이지 20g
바늘 7/0호 코바늘, 돗바늘

게이지(10cm×10cm)

(무늬뜨기) 16코×12단

완성 크기

폭 20cm×길이 76cm(원)

뜨는 법

1 사슬뜨기를 31코 만든다.(p.142)
2 무늬뜨기할 때 실을 바꾸면서(p.145) 뜬다.
3 뜨개 시작과 뜨개 끝을 감침질(p.109)해서 원형으로
   만든 다음 테두리뜨기를 한다.
4 실 정리를 한다.(p.145)

[뜨개 도안]

F

무늬뜨기
(7/0호 코바늘)

76cm = 93단

19cm=31코

S

0.5cm 19cm 0.5cm

76cm

첫 단과 같은
색으로 감침질해
원형으로 만든다

테두리뜨기
(7/0호 코바늘) 짧은뜨기
a 청록색
b 다크 브라운

[테두리뜨기 하는 법]

실 잇기
빼뜨기를 한 다음
실 자르기
감침질
←1
9
93

반대쪽도 같은 방법으로 뜨기

[뜨개 기호도]

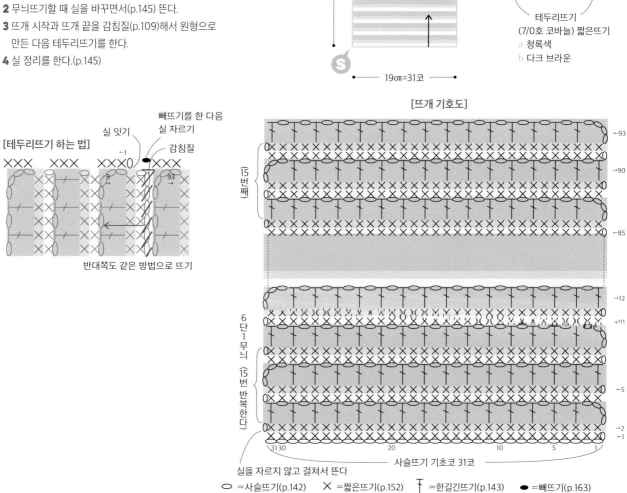

15번째
6단1무늬
(15번 반복한다)

←93
→90
←85
→12
→10
←5
→2
←1

3130 20 10 5 1

사슬뜨기 기초코 31코

실을 자르지 않고 걸쳐서 뜬다

○ =사슬뜨기(p.142)   × =짧은뜨기(p.152)   ┬ =한길긴뜨기(p.143)   ● =빼뜨기(p.163)

□ ... a 청록색
       b 다크 브라운

□ ... a 갈색
       b 베이지

□ ... a 남색
       b 갈색

기둥코 사슬을 1코 만든다. 첫 단은 바로 옆 토대
코 아래에 바늘을 넣는다.

바늘을 넣은 모습. 바늘 위에 실이 2가닥 걸려 있다.

바늘에 실을 걸어서 사슬코에서 빼낸다.

빼낸 모습.

다시 한번 바늘에 실을 걸어서 바늘에 걸린 고리
를 모두 빼낸다.

짧은뜨기 1코 완성. 짧은뜨기 기둥코는 1코를 뜨
는데 1코로 세지 않는다.

짧은뜨기 4코를 뜬 모습.

2단부터는 짧은뜨기의 '코머리' 아래(↑)에 바늘
을 넣어 뜬다.

LEVEL
❀❀

가죽벨트 넥워머

조개무늬가 귀여운 넥워머는 직사각형 모양으로 떠요.
벨트를 각각 양 끝쪽에 달아서 반으로 접으면 마치 칼라를 단 것처럼 화사해 보이지요.
가볍고 포근한 실로 떠서 폭신폭신하고 부드러운 느낌으로 코디를 꾸며보세요.

코바늘

준비물

실 극태사 스트레이트 얀 밝은 회색 120g
바늘 10호 코바늘, 돗바늘
기타 폭 29mm 미니 갈색 벨트, 재봉실(주황색), 바늘

게이지(10cm×10cm)

(무늬뜨기) 12.5코(3무늬)×5단

완성 크기

폭 24cm×길이 62cm

뜨는 법

1 사슬뜨기로 72코 만든다.(p.142)
2 무늬뜨기로 본체를 뜬다.
3 가장자리에 테두리뜨기한다.
4 실 정리를 한다.(p.145)
5 벨트를 단다.

[뜨개 도안]

테두리뜨기 2cm=1단
20cm = 10단

F

무늬뜨기
(10/0호 코바늘)

S

58cm=17무늬+4코
(사슬뜨기 기초코 72코)

테두리뜨기 2cm=1단   테두리뜨기 2cm=1단

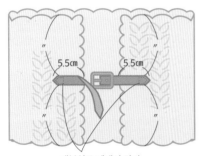

5.5cm   5.5cm

재봉실로 꿰매서 단다

[뜨개 기호도]

테두리뜨기

뜨개 끝

1무늬

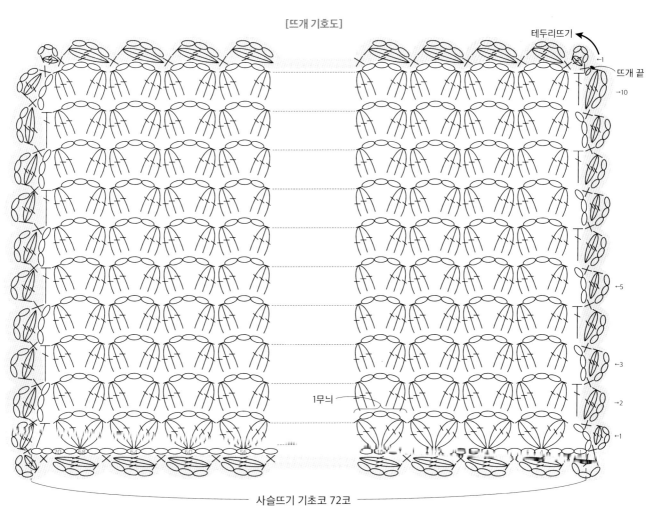

사슬뜨기 기초코 72코

◯ = 사슬뜨기(p.142) ✕ = 짧은뜨기(p.152) ┬ = 한길긴뜨기(p.143) ⋔ = 한길 긴 3코 구슬뜨기(p.156) ⬦ = 사슬 1코에 뜨는 한길 긴 3코 구슬뜨기(p.156)

● = 빼뜨기(p.163)

한길 긴 3코 구슬뜨기 ⬥

1

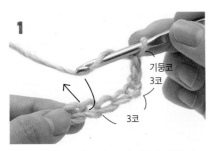

기둥코 사슬 3코를 뜬다. 먼저 바늘에 실을 걸고 뜨개코 안에 바늘을 넣는다. (첫 단의 경우)

2

미완성 한길긴뜨기(p.143-18번까지 진행)를 한다. 마지막 빼내기하기 전에 멈춘다. 이것을 같은 코에 2번 뜬다.

3

미완성 한길긴뜨기 3코를 뜬 모습. 먼저 바늘에 실을 걸고 바늘에 걸린 고리를 모두 빼낸다.

4

빼낸 모습.
※2단부터는 사슬뜨기를 묶어줍기해서 뜬다.

구슬뜨기 테두리뜨기

※사진에서는 알아보기 쉽도록 실제 뜨는 실과 다른 색실로 작업했습니다.

1

뜨개 끝에서 이어서 기둥코 사슬뜨기 1코, 짧은뜨기 1코, 사슬뜨기 3코를 뜬다.

2

마지막 단 한길긴뜨기 코머리에 한길긴뜨기 3코 구슬뜨기를 한다.

3

마지막 단의 구슬뜨기 코머리에 짧은뜨기를 한다. 둥근 아치가 1개 생겼다.

4

계속해서 지정된 위치에 뜬 모습.

3색 3단 무늬 넥워머

직사각형으로 떠서 단추를 채우는 형태예요.
목도리보다 뜨는 양이 적어서 손쉽게 만들 수 있어요.
단추는 편물의 비침무늬를 그대로 활용해
마음에 드는 위치에 채울 수 있어요.

🌱 코바늘

준비물

실 병태사 스트레이트 얀
초록색 35g, 파란색 30g, 아이보리 20g

바늘 7/0호 코바늘, 돗바늘

기타 길이 5.5㎝ 토글 단추

게이지(10㎝×10㎝)

(무늬뜨기) 18코(1.5무늬)×12.5단

완성 크기

폭 71㎝×길이 18㎝

뜨는 법

1 사슬뜨기로 127코 만든다.(p.142)

2 무늬뜨기를 색을 바꾸면서(p.145) 뜬다.

3 실 정리를 하고(p.145) 단추를 단다.(p.159)

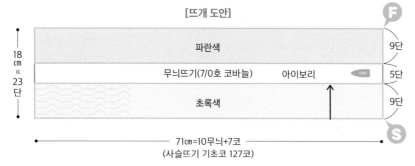

[뜨개 도안]

18㎝ = 23단

71㎝=10무늬+7코
(사슬뜨기 기초코 127코)

파란색 9단
무늬뜨기(7/0호 코바늘) 아이보리 5단
초록색 9단

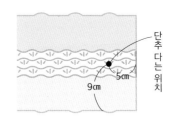

단추 다는 위치
5㎝
9㎝

[뜨개 기호도]

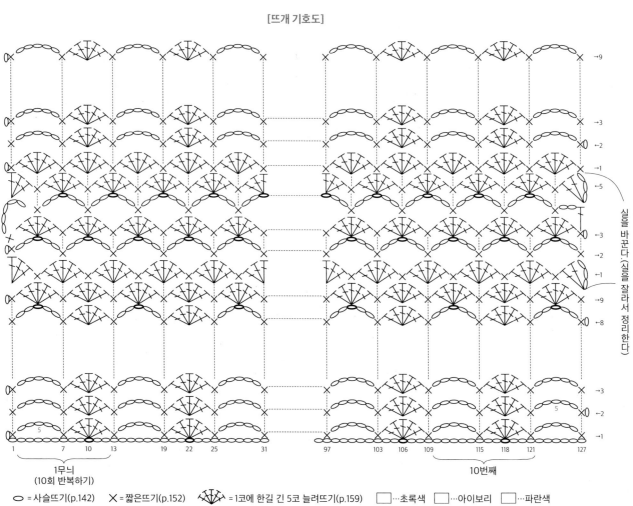

1무늬
(10회 반복하기)

10번째

실을 바꾼다.(실을 잘라서 정리한다)

⬭ = 사슬뜨기(p.142)   ✕ = 짧은뜨기(p.152)   🪭 = 1코에 한길 긴 5코 늘려뜨기(p.159)   ☐…초록색   ☐…아이보리   ☐…파란색

한길 긴 5코 늘려뜨기

1

짧은뜨기 위치에서 사슬뜨기 2코를 건너뛰고 그
다음 코(화살표 위치)에 한길긴뜨기를 5코 뜬다.

2

먼저 바늘에 실을 건 다음 코 중심에 바늘을 넣는다.

3

한길긴뜨기 1코를 뜨고 같은 코에 한길긴뜨기를
1코 더 뜬다.

4

2코 뜬 모습. 계속해서 같은 코에 3코를 더 뜬다.

5

한길긴뜨기 5코를 뜬 모습.

6

사슬뜨기 2코를 건너뛰고 다음 코에 짧은뜨기한
다. 2단부터는 앞단이 한길긴뜨기인 경우는 한길
긴뜨기 코머리에 화살표 방향으로 넣어 뜬다.

단추 달기

1

돗바늘에 실을 3가닥 꿰고, 편물 안쪽 면에서 꺼낸
다. 단추의 구멍을 통과해서 안쪽 면으로 빼낸다.

2

안쪽 면에서 매듭을 짓는다. 꼬리실은 짧게 자
른다.

크림색 모티브 목도리

소녀 취향으로 인기가 있는 모티브 잇기예요. 코바늘뜨기 팬이라면 한번쯤 도전해 보고 싶은 뜨개법이지요.
심플한 모티브를 뜨면서 이어나가는 작품이에요. 잇는 법과 잇는 위치에 주의해야 하지만 뜨는 방법을 기억해 두면
책을 보지 않고도 숭덩숭덩 떠나갈 수 있어요.

LEVEL

준비물

실　병태사 스트레이트 얀 크림색 150g
바늘　7/0호 코바늘, 돗바늘

게이지

(모티브 1장) 한 변 8cm

완성 크기

폭 16cm×길이 128cm

뜨는 법

1 원형코잡기(p.71)로 뜨개를 시작한다.
2 마지막 단에서 뜨면서 잇기(p.164)로 모티브 32장을 뜬다.
3 실 정리를 한다.(p.145)

[뜨개 기호도]

[뜨개 도안]

모티브 32장
(7/0호 코바늘)

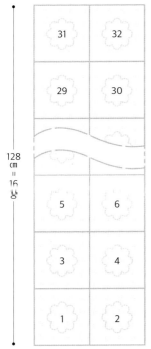

128
cm
=
16
장

16cm=2장

◼ = 사슬뜨기(p.142)
✕ = 짧은뜨기(p.152)
⊤ = 한길긴뜨기(p.143)
• = 빼뜨기(p.163)
= 기둥코와 한길 긴
2코 구슬뜨기(p.163)
= 한길 긴 3코 구슬뜨기(p.164)

도안의 기호의
방향을 잘 확인하고
바늘을 넣어 빼낸다

{ '크림색 모티브 목도리' 뜨는 법 설명 }

실로 원을 만들고 원을 중심으로 해서 둥글게 떠갑니다.
모티브를 마지막 단에서 이으면서 뜨므로 잇는 위치를 확인하면서 뜨세요.

1 첫 단. 코바늘로 코잡기

※사진에서는 잘 보일 수 있게 실제로 뜨는 실과 다른 색실로 작업했습니다.

원형코잡기 ☀ 원형코잡기는 p.71의 1~6번을 확인해주세요.

짧은뜨기 기둥코로 사슬뜨기(p.142-7번 참고)를
1코 뜬다.
※짧은뜨기 기둥코는 1코로 세지 않는다.

원 가운데에 바늘을 넣고 짧은뜨기(p.152)를 한다.

1코를 완성한 모습. 계속해서 지정한 콧수(여기
에서는 8코)만큼 짧은뜨기한다.

8코를 뜬 모습.

바늘 끝을 원 가운데에 넣고 부드럽게 가운데 꼬
리실을 당겨서 원을 조인다.

원을 조인 모습.

2 첫 단 마무리로 빼뜨기하고 2단 뜨기

빼뜨기 ●

13

첫 짧은뜨기 코머리에 바늘을 넣는다.

14

바늘에 실을 걸고 바늘에 걸린 모든 고리를 빼낸다.

15

빼낸 모습. 빼뜨기를 완성했다.

기둥코와 한길 긴 2코 구슬뜨기

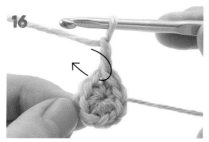

16

기둥코와 한길 긴 2코 구슬뜨기 준비 과정인 사슬뜨기로 기둥코 2코를 뜬 모습. 다음은 바늘에 실을 걸어 화살표처럼 코 안에 바늘을 넣는다.

17

바늘을 넣은 모습. 다음에 미완성 한길긴뜨기 (p.143-18번까지 진행)를 한다.

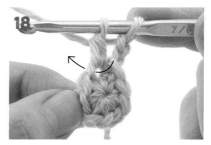

18

1코를 뜬 모습. 같은 코에 바늘을 넣고 미완성 한길긴뜨기를 1코 더 한다.

19

2코를 뜬 모습. 바늘에 실을 걸고 바늘에 걸린 모든 고리를 빼낸다.

20

빼낸 모습. 기둥코와 한길 긴 2코 구슬뜨기를 완성했다.

21 사슬뜨기 3코를 뜨고 앞 단의 짧은뜨기 코머리에 먼저 바늘에 실을 걸고 코에 넣는다.

22 미완성 한길긴뜨기(p.143-18번까지 진행)를 한다.

23 같은 코에 3코를 뜬 다음에 바늘에 실을 걸어서 바늘에 걸린 모든 고리를 빼낸다.

24 한길 긴 3코 구슬뜨기를 완성한 모습.

25 구슬뜨기 8회를 다 뜨면 사슬뜨기 3코를 뜨고 첫 구슬뜨기 코머리에 빼뜨기한다.

26 2단을 완성한 모습. 다음 단은 앞단의 사슬뜨기를 묶어 주워서 뜬다.

3 3~4단. 2장부터는 앞 모티브와 이으면서 뜨기

27 기둥코와 한길 긴 2코 구슬뜨기를 한다. 이때 ★ 사슬뜨기 아래에 바늘을 넣는다.

28 사슬뜨기 3코를 하고 같은 곳에 한길 긴 3코 구슬 뜨기와 사슬뜨기 3코를 도안대로 뜬다.

29 다음 사슬의 고리를 묶어 주워서 짧은뜨기를 한다.

30

같은 요령으로 한 바퀴를 뜨고 마지막은 구슬뜨기 코머리를 빼뜨기로 잇는다. 사진은 3단을 완성한 모습. 첫 번째 모티브는 4단까지 뜨개 기호도를 참고해서 뜨고 실을 10cm 정도 남기고 자른다.

2장 잇기

31

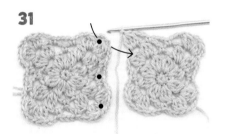

두 번째 모티브는 3단까지 뜬다. 4단 1변을 다 뜨고 화살표 방향으로 ●위치에 바늘을 넣어 첫 번째 모티브와 잇는다.

32

바늘을 넣은 모습. 실을 걸고 바늘에 걸린 고리와 편물을 다 빼낸다.

33

빼낸 모습.

34

계속해서 구슬뜨기와 사슬뜨기, 짧은뜨기를 하면서 2곳의 ●에 바늘을 넣어서 잇는다.

35

3번째 위치에서도 같은 방법으로 바늘을 넣어 잇는다.

36

3곳을 이으면 4단의 나머지도 뜬다.

세 번째 장을 ● 위치에서 잇는다.

중앙은 두 번째 장 빼뜨기와 첫 번째 장 사슬뜨기 아래에 화살표처럼 바늘을 넣어서 잇는다.

바늘을 넣은 모습. 바늘에 실을 걸어서 바늘에 걸린 고리와 편물을 빼낸다.

연결한 모습. 계속해서 4단을 마지막까지 뜬다.

4장 잇기

네 번째 장을 ● 위치에서 잇는다.

중앙은 세 번째 장 빼뜨기와 첫 번째 장의 사슬뜨기 아래에 바늘을 넣어서 잇는다.

화살표처럼 바늘을 넣어서 편물 안쪽 면에서 바늘을 꺼낸다.

바늘을 넣은 모습. 바늘에 실을 걸어서 바늘에 걸린 모든 고리와 편물을 빼낸다.

4장을 이은 모습. 같은 요령으로 아래에서 위로, 왼쪽에서 오른쪽 순서로 잇는다.

완성.

투톤 모티브 목도리

U

LEVEL
✳✳✳

T 모티브를 2가지 색으로 바꿔봤어요. 색을 반전한 2가지 모티브를 이으면 레트로한 분위기가 물씬 나요.
모티브 마지막 단에서 뜨면서 잇기 때문에 지금 어느 모티브를 뜨는지 확인하면서 뜨는 것이 중요해요.
모티브 개수와 연결법을 바꾸면 다양한 소품을 만들 수 있답니다.

준비물

실 병태사 스트레이트 얀
파란색 35g, 베이지 35g

바늘 7/0호 코바늘, 돗바늘

게이지

(모티브 1장) 한 변 8㎝

완성 크기

폭 16㎝×길이 128㎝

뜨는 법

1 원형코잡기(p.71)로 뜨개를 시작한다.

2 마지막 단에서 뜨면서 잇기(p.164)로 모티브 32장을 뜬다.

3 실 정리를 한다.(p.145)

[뜨개 도안]

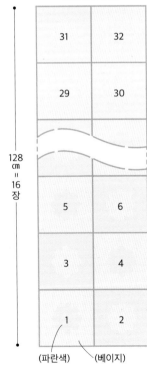

[뜨개 기호도]

○ = 사슬뜨기(p.142)

✕ = 짧은뜨기(p.152)

Ŧ = 한길긴뜨기(p.143)

• = 빼뜨기(p.163)

= 기둥코와 한길 긴
2코 구슬뜨기(p.163)

= 한길 긴 3코 구슬뜨기(p.164)

= 도안의 기호의
방향을 잘 확인하고
바늘을 넣어 빼낸다

➤ = 실 잇기(뜨던 실은 자른다)

LEVEL
✿ ✿ ✿

알록달록한 클로버 목도리

가운데 2단의 색을 모티브마다 알록달록하게
바꾸고 바깥쪽 2단은 시크한 색감의 단색으로
뜨면 네잎클로버 무늬가 드러나요.
어떤 색이 어울릴지 여러 색을 조합해 보는
재미도 한번 즐겨보세요.

준비물

실 병태사 스트레이트 얀
자주색 80g, 베이지 15g, 주황색 15g,
빨간색 15g, 분홍색 15g, 파란색 15g,
초록색 15g

바늘 7/0호 코바늘, 돗바늘

게이지

(모티브 1장) 한 변 7㎝

완성 크기

폭 14㎝×길이 126㎝

뜨는 법

1 원형코잡기(p.71)로 뜨개를 시작한다.
2 마지막 단에서 뜨면서 잇기(p.164)로 모티브 36장을 뜬다.
3 실 정리를 한다.(p.145)

[모티브 뜨는 법]

중앙

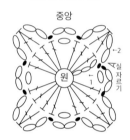

바깥쪽

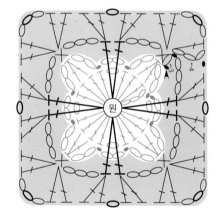

[뜨개 도안]

모티브 36장(7/0호 코바늘)

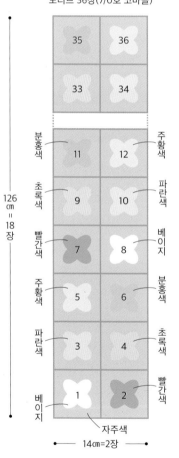

126㎝=18장
14㎝=2장

○ = 사슬뜨기(p.142)
✕ = 짧은뜨기(p.152)
╤ = 한길긴뜨기(p.143)
• = 빼뜨기(p.163)
A = 한길 긴 2코 모아뜨기(p.172)
V = 한길 긴 2코 늘려뜨기(p.173)

도안의 기호의 방향을 잘 확인하고 바늘을 넣어 빼낸다
= 실 잇기(뜬던 실은 자른다)
= 실 자르기

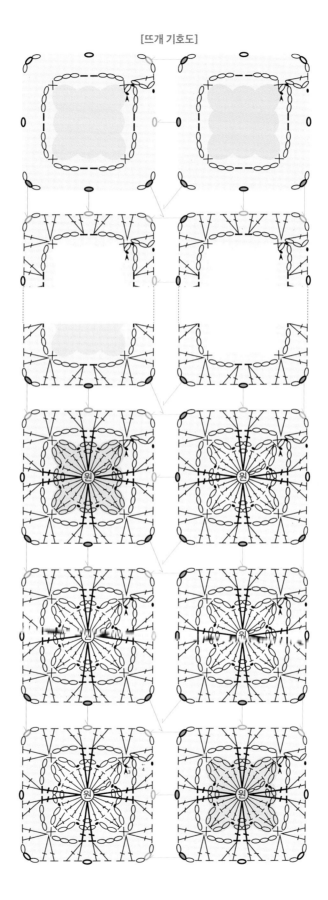

1

첫 단은 한길긴뜨기와 사슬뜨기를 한다. 원 가운데는 아직 조이지 않는다. 2단의 기둥코 사슬을 2코 뜬다.

2

앞단의 한길긴뜨기 코머리 2코에 미완성 한길긴뜨기(p.143-18번까지 진행)를 2코 한다. 실을 걸어서 바늘에 걸린 고리를 모두 빼낸다.

3

빼낸 모습. 기둥코 사슬을 2코와 한길 긴 2코 모아뜨기를 한 모습.

4

2단을 모두 뜬 모습. 실을 20㎝ 정도 남기고 자른다. (가운데 원은 아직 조이지 않았다)

5

3단은 새 실로 뜬다. 먼저 빼뜨기를 하고 기둥코 사슬, 짧은뜨기를 1코씩 뜨고 사슬뜨기 3코를 뜬다.

6

바늘에 실을 걸어서 원 가운데에 넣고, 모티브 뒤쪽에서 실을 걸어서 빼낸다.

7

실을 빼낸 모습. 모티브가 오그라들지 않도록 실을 잡아당겨 기다랗게 뺀다.

8

모티브 바깥쪽에서 실을 걸어서 빼고, 한길긴뜨기를 1코 뜬다.

9

한길긴뜨기를 1코 완성한 모습. 모티브가 끌려 올라가지 않도록 길이로 조절한다.

10

다시 1코 한길긴뜨기를 한다. 계속해서 뜨개를 진행하며 남은 3곳에도 같은 방법으로 원 가운데에 한길긴뜨기를 한다.

11

3단 뜨기를 끝낸 다음에 원 가운데를 조인다.

12

4단. 기둥코 사슬을 3코 하고 한길긴뜨기 1코, 사슬뜨기를 3코 한다.

한길 긴 2코 늘려뜨기 ∇

13

앞단 짧은뜨기 코머리에 한길긴뜨기를 1코 한다.

14

같은 위치에 바늘을 넣고 한길긴뜨기를 1코 더 한다. 한길 긴 2코 늘려뜨기를 완성한 모습.

15

기호도대로 뜨개를 진행해서 1장을 완성한 모습. 두 번째 장부터는 p. 165와 같은 요령으로 뜨면서 잇는다.

나의 첫 손뜨개

초판 1쇄 | 2024년 10월 23일
지은이 | 미카·유카
옮긴이 | 남가영

펴낸이 | 서인석
펴낸곳 | 제우미디어
출판등록 | 제 3-429호
등록일자 | 1992년 8월 17일
주소 | 서울시 마포구 독막로 76-1 5층
전화 | 02-3142-6845
팩스 | 02-3142-0075
홈페이지 | jeumedia.com

ISBN 979-11-6718-476-4 13590
※파본은 구입하신 서점에서 교환해 드립니다.

제우미디어 트위터 twitter.com/jeumedia
제우미디어 인스타그램 instagram.com/jeumedia

만든 사람들
출판사업부 총괄 김금남 | **책임편집** 민유경
기획 신은주, 장재경, 안성재, 최홍우 | **제작** 김용훈
디자인 총괄 올컨텐츠그룹